U0323215

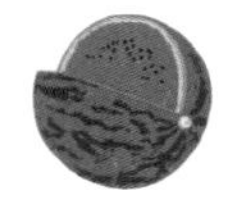

浪花朵朵

呀！蔬菜水果

〔法〕弗朗索瓦兹·德·吉贝尔　〔法〕克莱蒙斯·波莱特 著
冷贝凡 译　浪花朵朵 编译

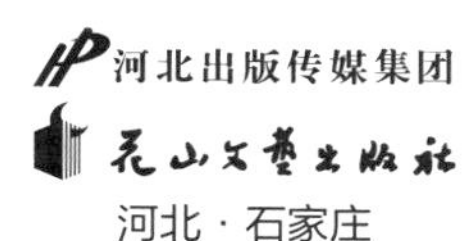
河北出版传媒集团
花山文艺出版社
河北·石家庄

苹果

红苹果、黄苹果、青苹果、赤褐色苹果、红皮小苹果……

苹果的种类大概有 7000 多种！人们在秋天收获苹果，并且保存整整一个冬天。

苹果富含维生素，连皮带肉大口吃，嘎吱嘎吱甜又脆！

长在苹果树上

人们从树上采摘苹果。苹果树原产于土耳其。
人们在旅途中一路吃苹果，就把苹果的种子播撒到越来越远的地方，
越来越远，越来越远……就这样，全世界都有了苹果树！

梨

人们一年四季都能吃到梨！有的梨夏季成熟，
有的梨秋天成熟，有的梨冬天成熟。法国的“太阳王”（路易十四）很喜欢吃梨，
凡尔赛宫的园丁为此组织评选活动，选出最优的梨子品种。

长在梨树上

梨太脆弱了，一股寒流来袭，或被碰撞一下，
就会迅速腐烂，所以，摘梨时动作一定要轻柔！
为了方便采摘，人们采用立架式栽培法成排种植梨树。

樱桃

成双成对的红樱桃吊在枝杈的末梢，非常美丽，像一副副耳环……

在享受樱桃美味多汁、香味扑鼻的果肉之前，

别忘了樱桃中央藏着一粒小果核，果核可不能吃！

长在樱桃树上

樱桃树长得很高大，需要爬上梯子采摘果实。
吃樱桃的时期很短，6 月一结束，就一颗樱桃都不剩啦。
是谁把它们都吃掉了呢？是贪吃的你，还是贪吃的鸟儿？

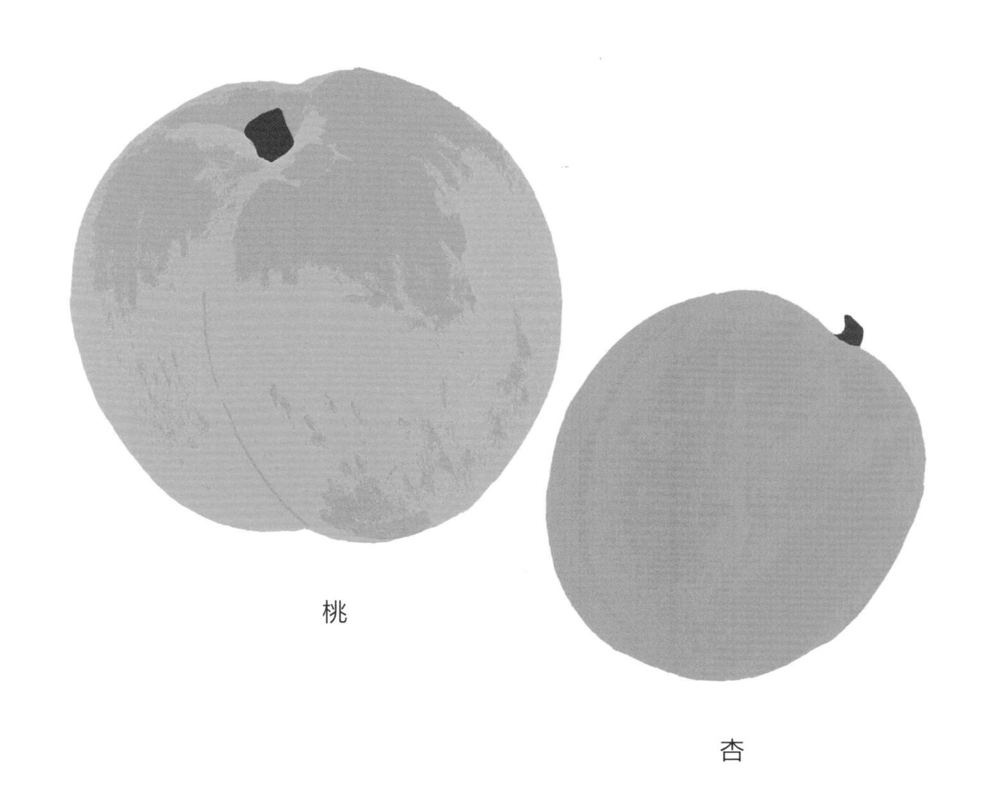

桃与杏

桃与杏原产于中国，果肉柔软甘甜。

辨别它俩非常容易！

桃，皮软，覆盖着一层细密的茸毛。杏，较小，果面是美丽的橘红色。

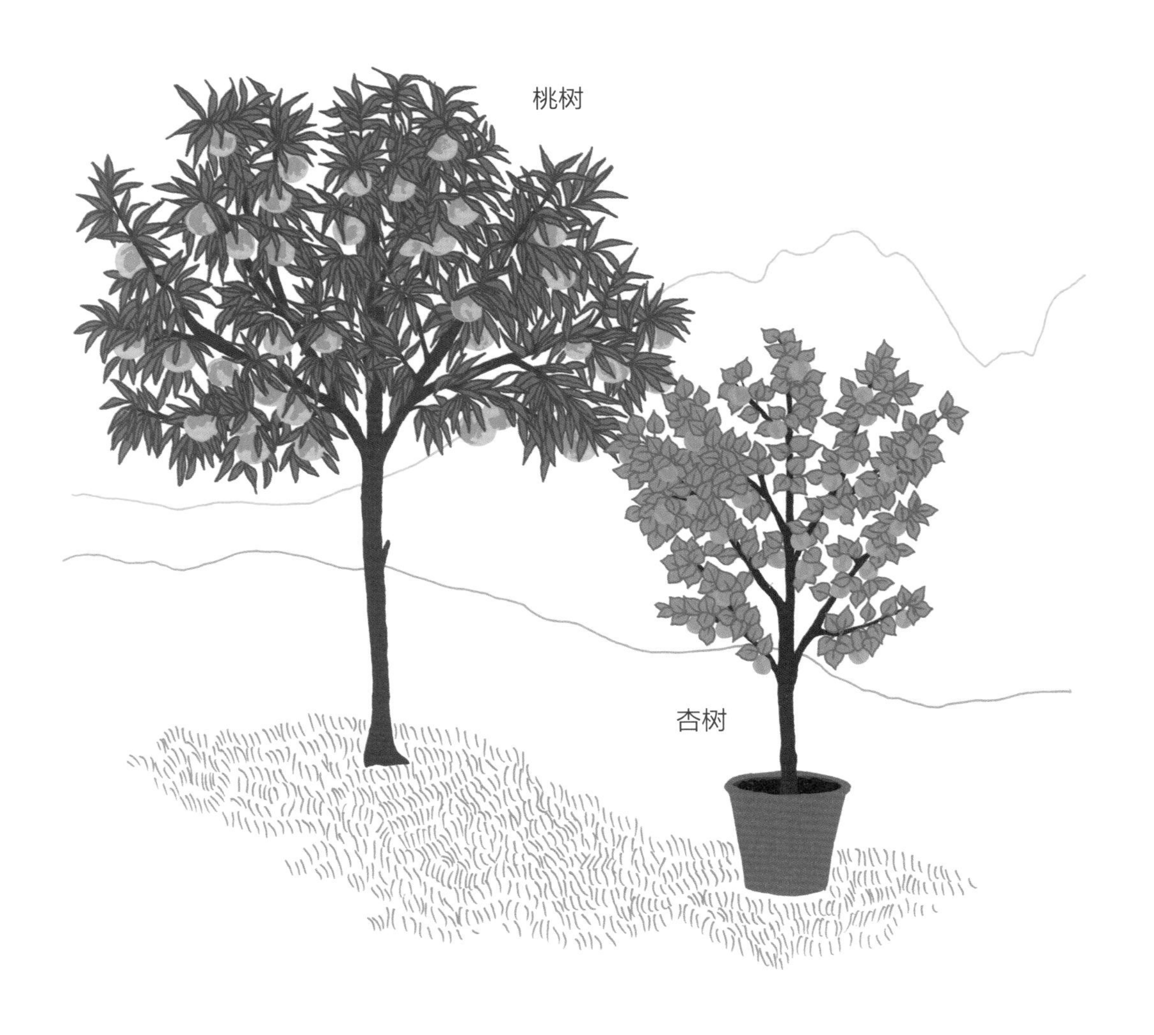

分别长在桃树与杏树上

桃与杏生长在不太高大的树上。
当果实成形时，果农摘掉那些个头小的，好让那些较大的长得更大。
要有耐心哪，它们要到夏天才成熟，到时你就能解馋啦！

李子

你了解长而紫的乌荆子李吗？你了解小而黄的黄香李吗？
你听说过以法王弗朗索瓦一世王后之名命名的克洛德王后李吗？
这些李子都甜美多汁，十分好吃。还有皱巴巴的李子干儿，那是一种晒干的李子，你吃过吗？

长在李子树上

夏末时节，李子树上结满了果实，沉甸甸地压弯枝头。

当李子开始掉落时，就到了采摘的季节。

李子也是非常脆弱的水果，只有半透明的一层薄皮保护着里面的果肉。

葡萄

所有人都知道葡萄！你喜欢吃淡黄色的白葡萄还是深色的紫葡萄？
或者，你更喜欢葡萄干？它们都甜极了，
孩子爱吃甘甜多汁的葡萄，就像大人爱喝葡萄酒那样。

长在葡萄树上

葡萄树是带卷须的藤本植物。

野生的葡萄树攀爬、缠绕别的树，肆意生长。

人工种植的葡萄长在距离地面一米高的葡萄藤上，在初秋人们用修枝剪收获成串的葡萄！

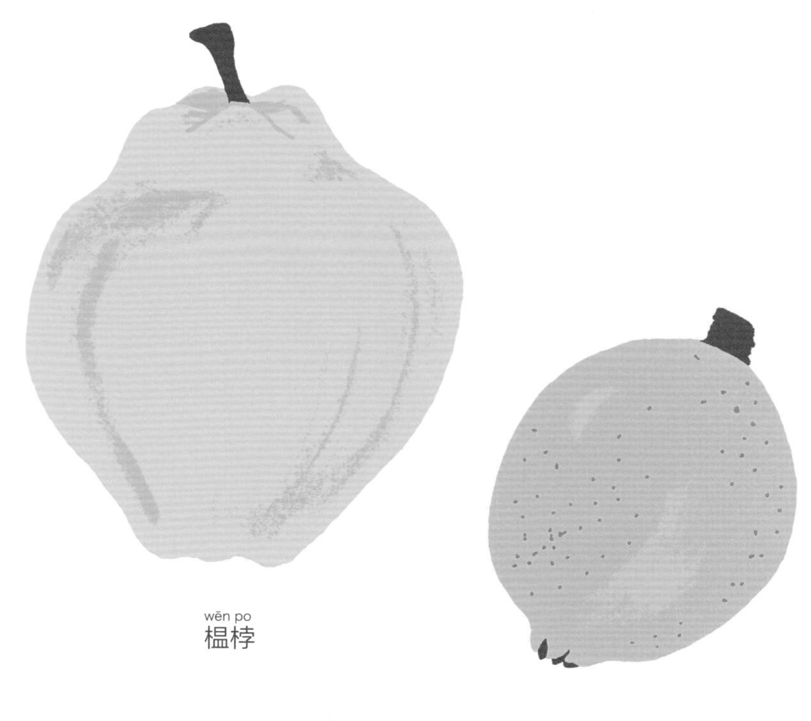

榅桲和枇杷

你不认识这两种水果吧？榅桲是一种大个的黄色水果，
皮上有茸毛。它不可以直接生吃，而是要做成榅桲酱或者罐头。
枇杷则是一种肉黄、多汁、香甜的美味水果。

分别长在榅桲树和枇杷树上

榅桲自然是长在榅桲树上啦，榅桲树与苹果树、梨树都有亲缘关系。

枇杷树是一种原长在亚洲的树，如今它也在美国加利福尼亚、法国南方和意大利安了家。

在法国南方，人们管它叫“枇杷西埃”（bibacier）。

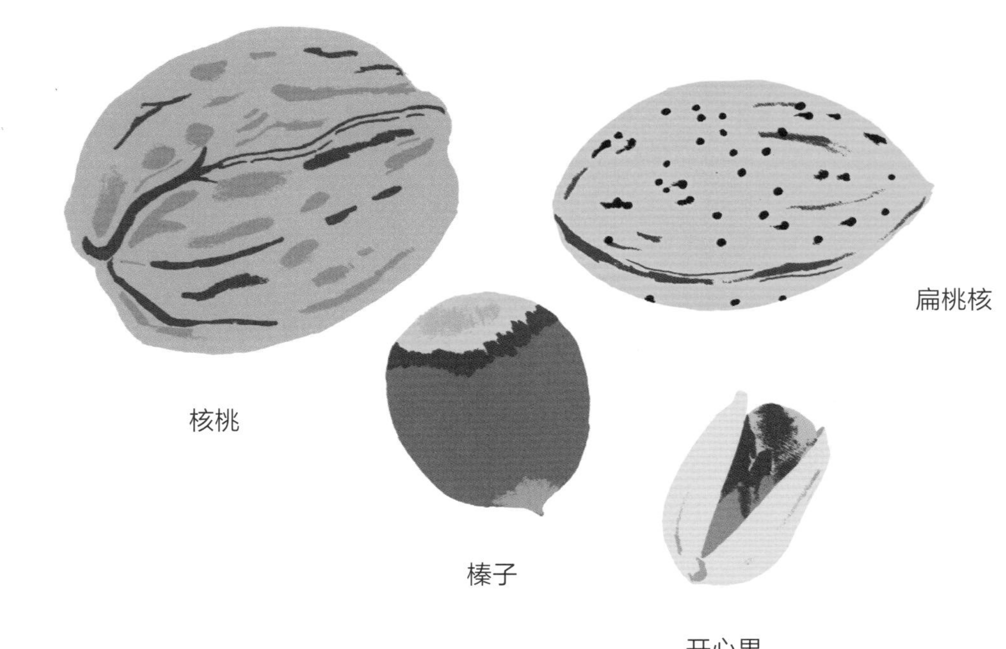

各种干果

咯哒，咯哒，什么东西藏在里面？用一把核桃钳能打开核桃、扁桃核或者榛子的硬壳儿。
对开心果则用不着这样大动干戈，因为它的硬壳会自己打开。
人们很爱吃这些干果仁，它们富含维生素！

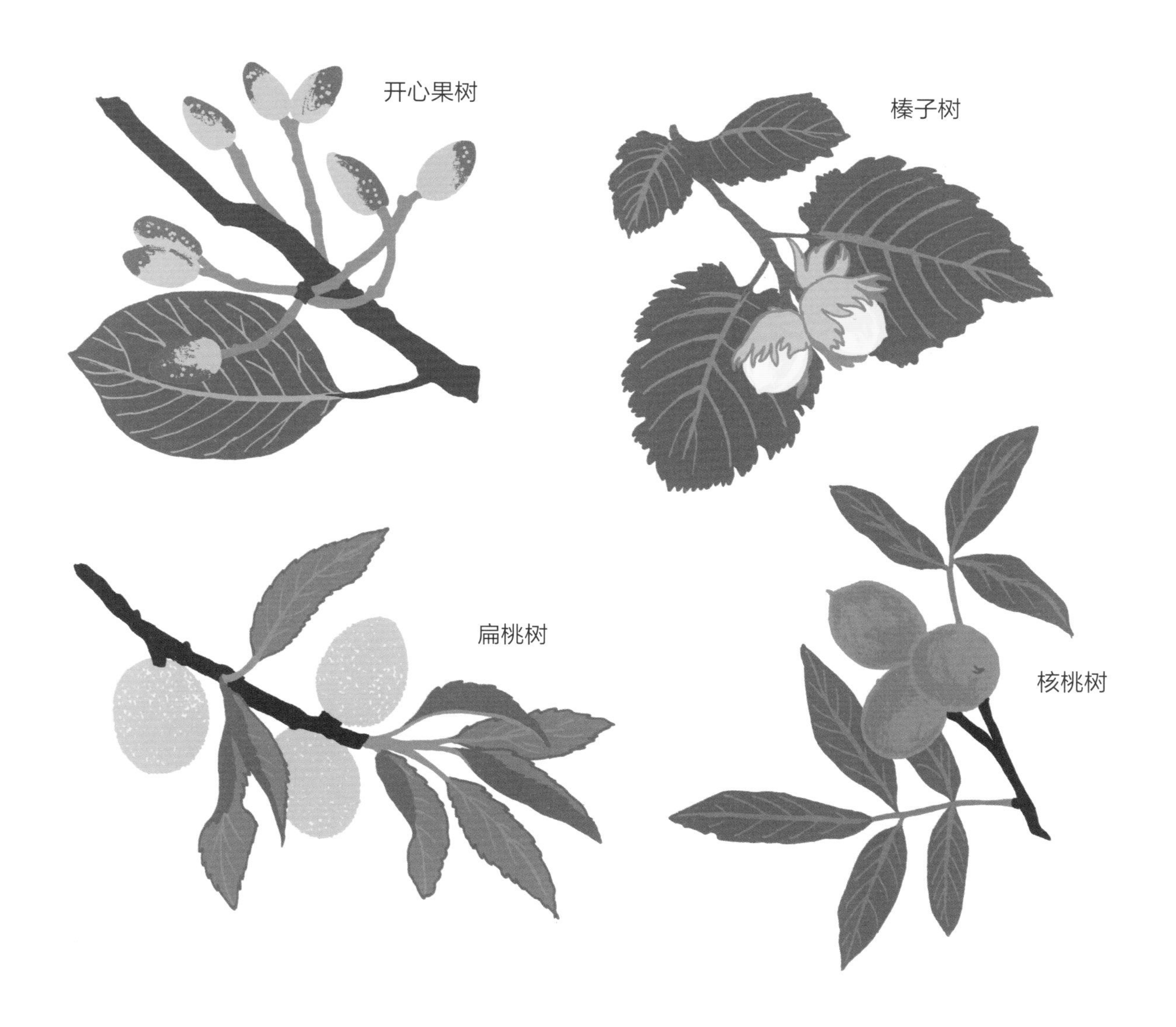

长在树上

你肯定听说过榛子树，也许还有核桃树。
核桃隐藏在一层厚厚的绿皮里，当果实成熟后厚皮便自己裂开。
扁桃树最早生长在伊朗，像开心果树那样喜欢高温。

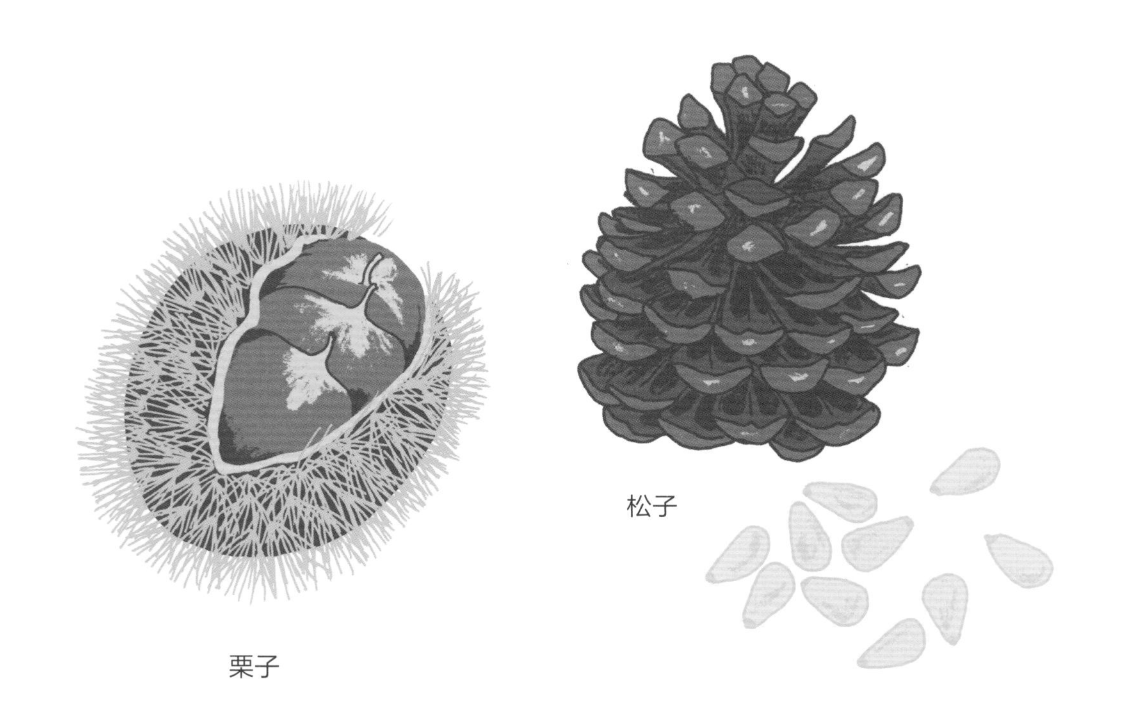

栗子和松子

哎哟，好扎手呀！无论是烘烤还是水煮，在吃栗子之前，
都得先把它从长满刺的壳中剥出来。松子比栗子温柔多啦，它就躲在松果的两片鳞叶之间。
把它取出来，拌在沙拉中或者与蜂蜜一起吃，味道妙不可言。

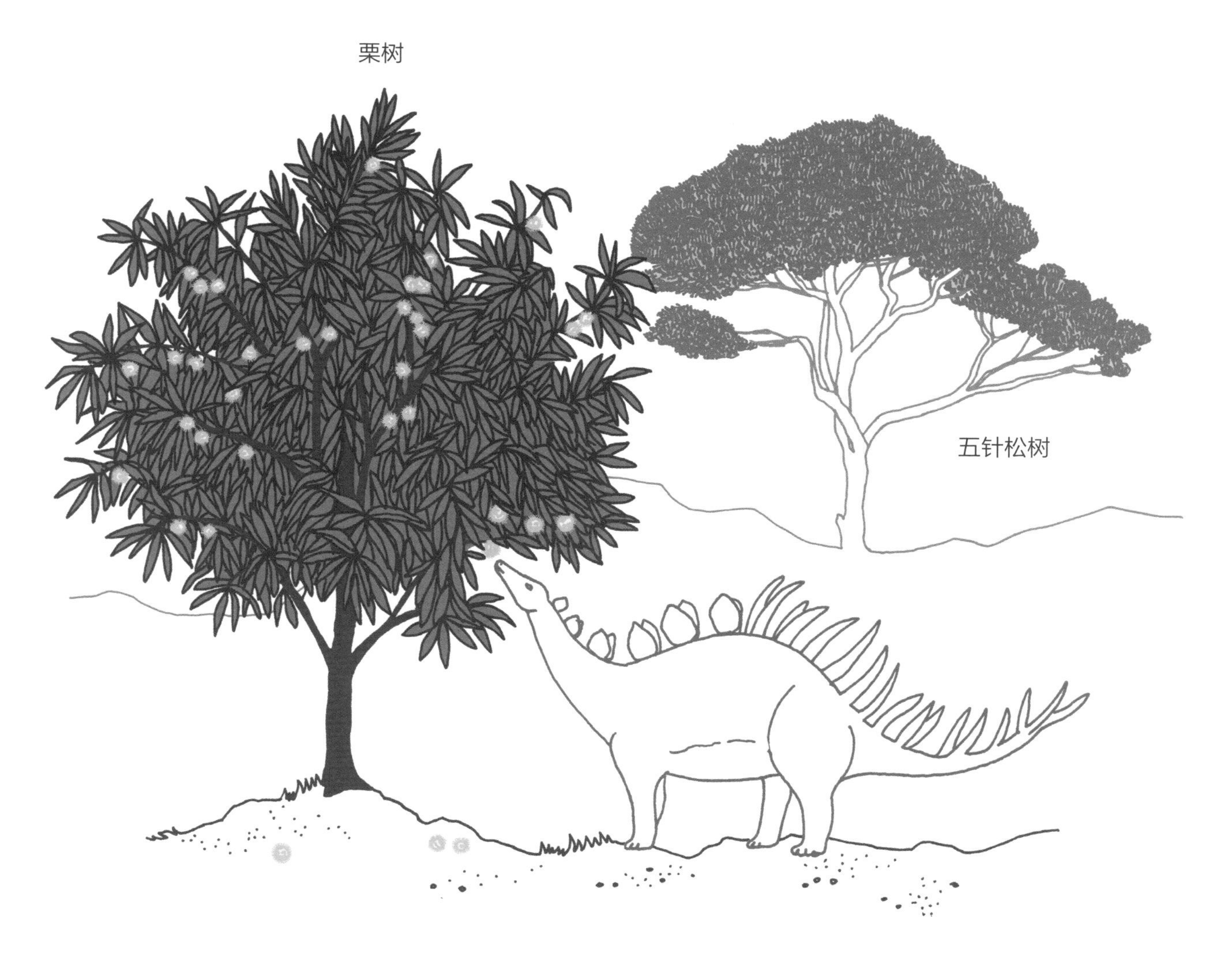

长在栗树和意大利五针松树上

这两种树早在史前就已经存在。秋天的时候，栗子在森林里落满一地。
如果你见到它上面有洞，就说明它里面有虫子了。
享受松子则需要耐心，因为一棵五针松要长 30 年才能结果。

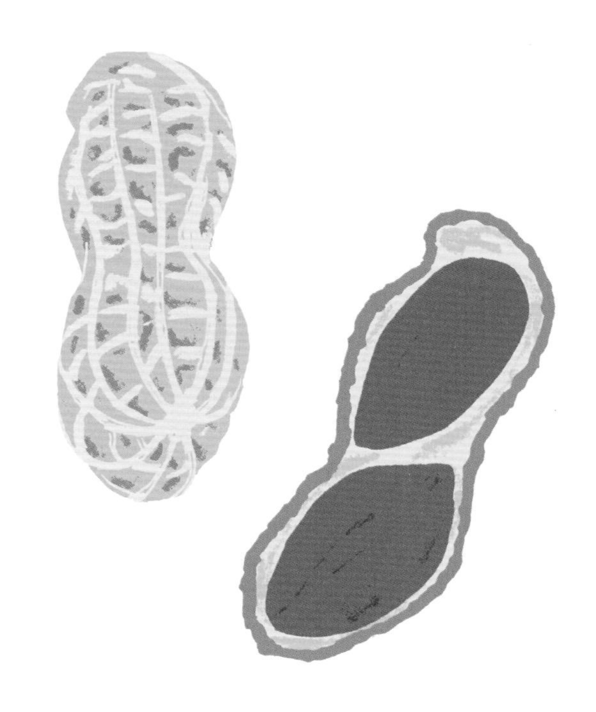

花生

花生壳就像个小纸袋，里面的果实——花生仁，我们可以炸、炒或煮来吃。
花生原产于南美洲，那里的印第安人种植花生、制作花生酱已经有很长的历史了。
他们称它为“土中可可”。

长在花生秧上

这种植物可真神奇！花刚凋谢，茎的末端便开始生长，
朝着土里钻进去，好让果实在地下成形。
为了把花生从土里挖出来，人们需要拔掉整株植物。

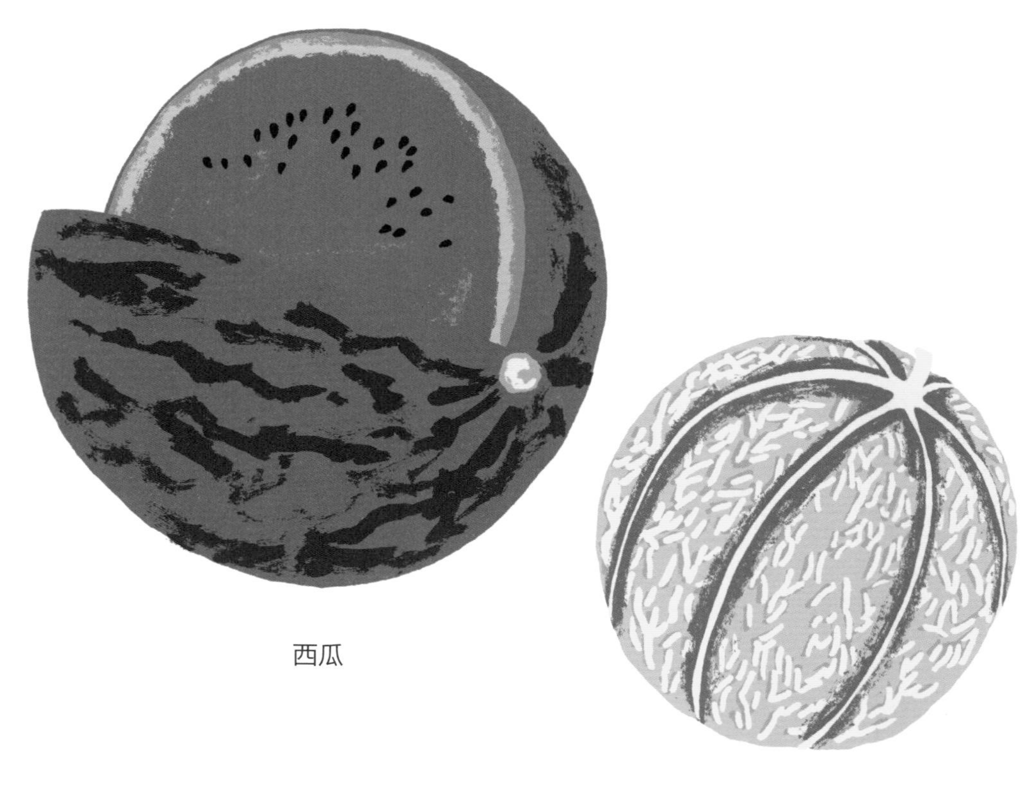

西瓜

甜瓜

葫芦科水果

这些硕大的夏季水果有一个滑稽有趣的名字——葫芦科水果。
炎炎夏日，它们让“吃货们”的眼睛都绿了！在它们坚脆绿色的果皮下，你能见到鲜艳多汁的果肉。
古埃及人在金字塔时代就已经开始种植它们啦！

长在蔓生植物上

和西瓜一样，甜瓜也生长在喜热的蔓生植物上。
甜瓜喜欢把自己藏起来，瓜农用小棍子把藤叶拨开，把它找出来，剪断藤茎，收获它。
西瓜呢，个头太大，它可玩不了藏猫猫！

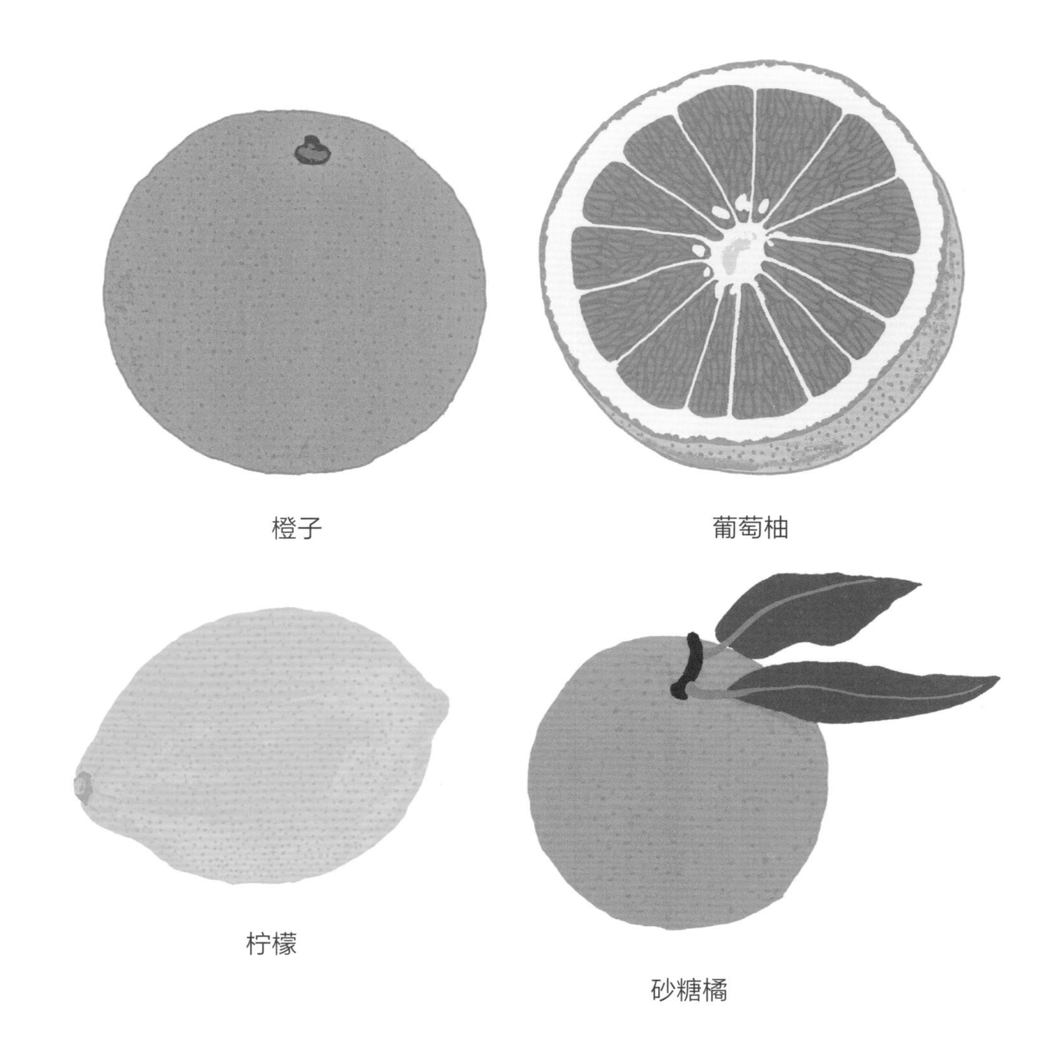

柑橘类水果

你喜欢它们吗？这四种水果中，砂糖橘是最甜的，柠檬是最酸的。

所有柑橘类的水果都充满汁液和能量！

它们都有一层厚皮，果肉还裹着薄皮，薄皮把果肉分隔成数瓣，保护着果肉。

长在树上

柑橘类水果的成长需要充足的日照，它们不耐严寒。
橙子长在橙树上，柠檬长在柠檬树上，柚子长在柚子树上——这还用说?
它们的果实一旦被人采摘，成熟过程就终止了。

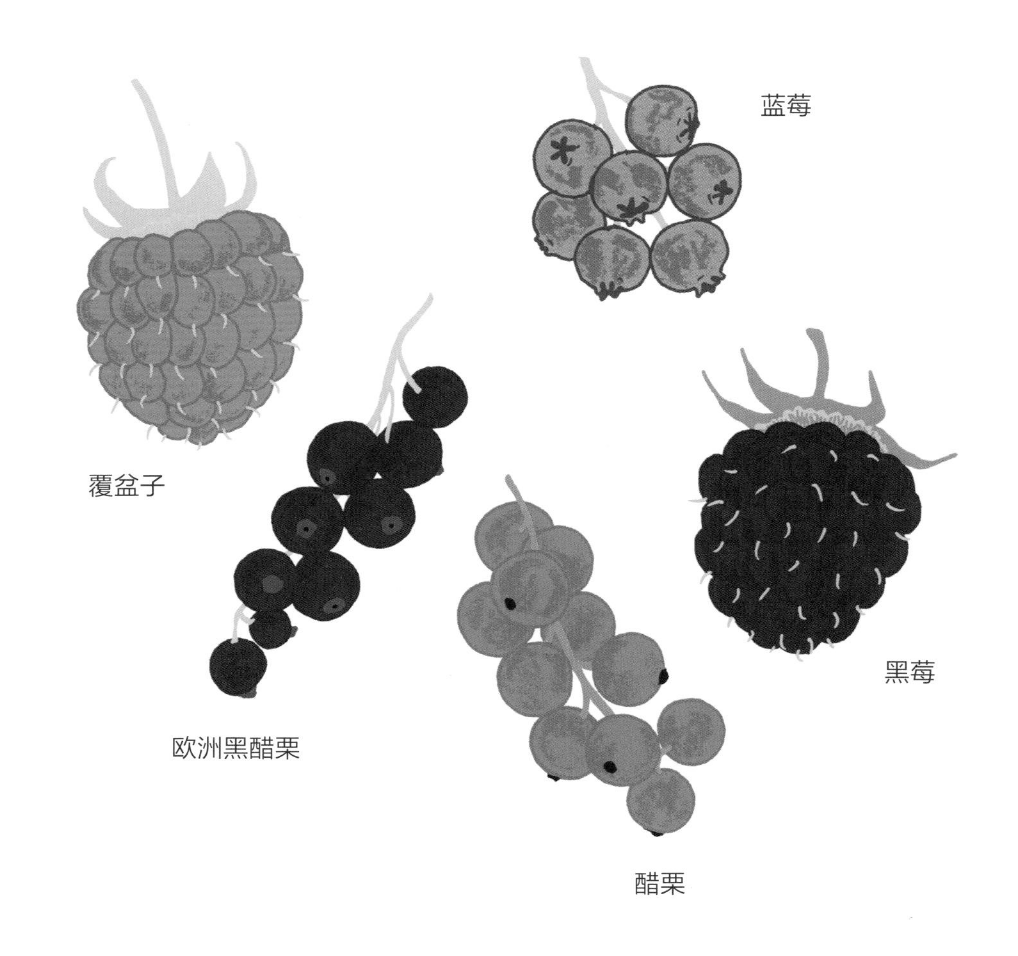

这些小红果

等等，不全是红色的！蓝莓就是蓝色的。
这一串溜圆的小红果，是醋栗。那些黑色的小圆果，是欧洲黑醋栗。
覆盆子的每个小红色颗粒都是一个小果实。黑莓的小果实是黑色的。

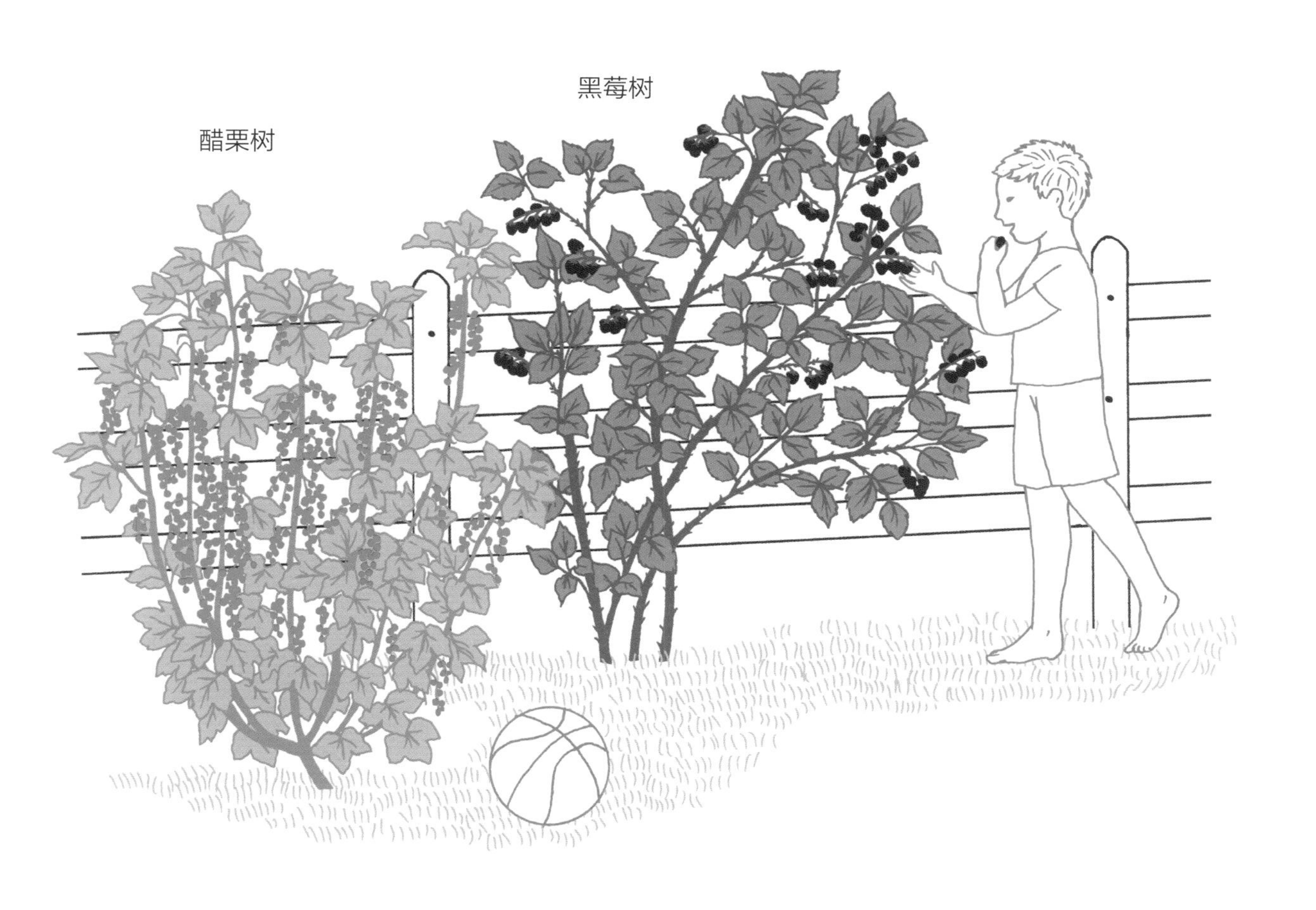

长在灌木上

这些颗粒状的小水果就生长在我们的花园里。
它们在夏季先后成熟。用手采摘、收获它们很容易，但耗时很长。
如果你想采摘一些黑莓，要当心啊，它们长在多刺的枝条上。

草莓

草莓太漂亮、太好吃了！

它的种子就是果肉表面的那些小黄点。

在树林里，你能见到野生草莓，而人工培育的大草莓来源于多种美洲野草莓。

长在草莓植株上

你在花园里或在阳台的花盆里种过草莓吗?

草莓在春天生长，是一年中人们采摘的首批水果之一。

草莓颜色先是绿的，随后变白，然后变黄，最后变红，成熟。

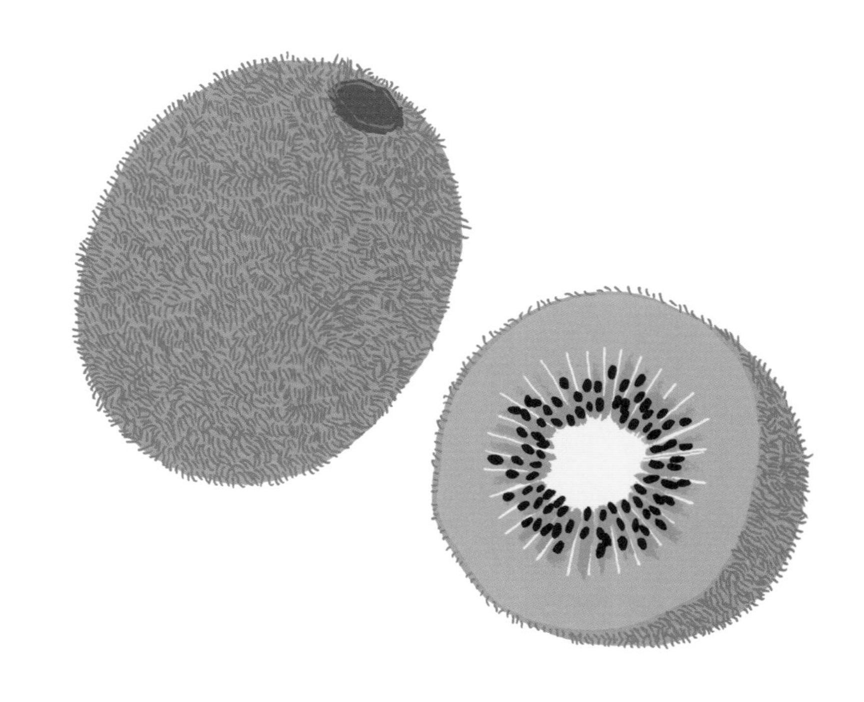

猕猴桃

猕猴桃其貌不扬，栗褐色，毛茸茸，大如蛋。

可是你只要把它切开来——哇！真漂亮！亮绿色的果肉上点缀着一圈圈黑色的小种子。

酸酸甜甜的，还富含维生素！

长在猕猴桃树上

猕猴桃树实际上是一种藤本植物。

为了在秋季收获果实，要让一棵雌株靠近一棵雄株，蜜蜂在其间采蜜授粉。

人们趁着猕猴桃还很硬时采摘，在收获之后把它们放熟。

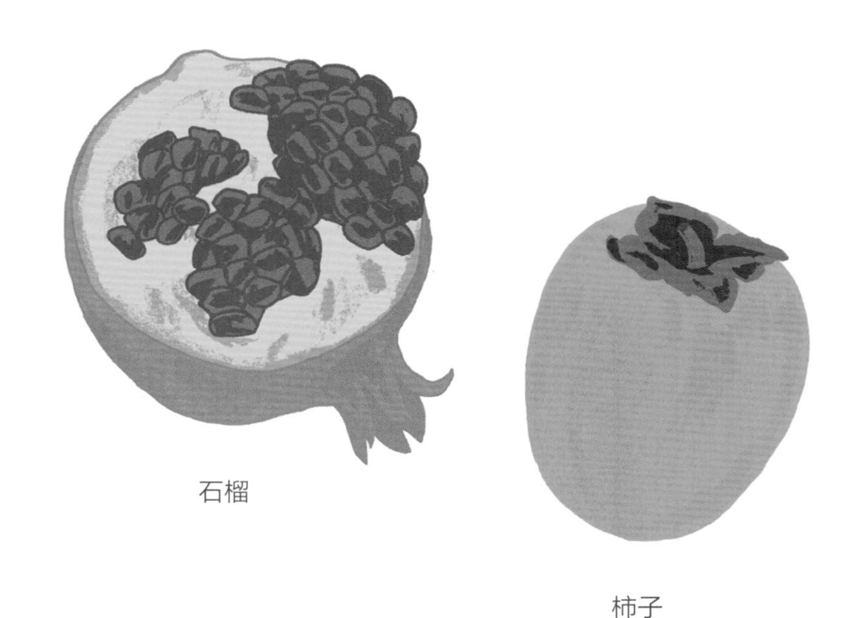

石榴和柿子

石榴皮很硬，它的硬皮下藏着许多紫红色、三角形的小果粒，
每颗果粒里含有一粒种子，人们用这些小果粒做成可口的石榴汁。
柿子成熟后皮会变软。人们用勺子挖柿肉来吃。

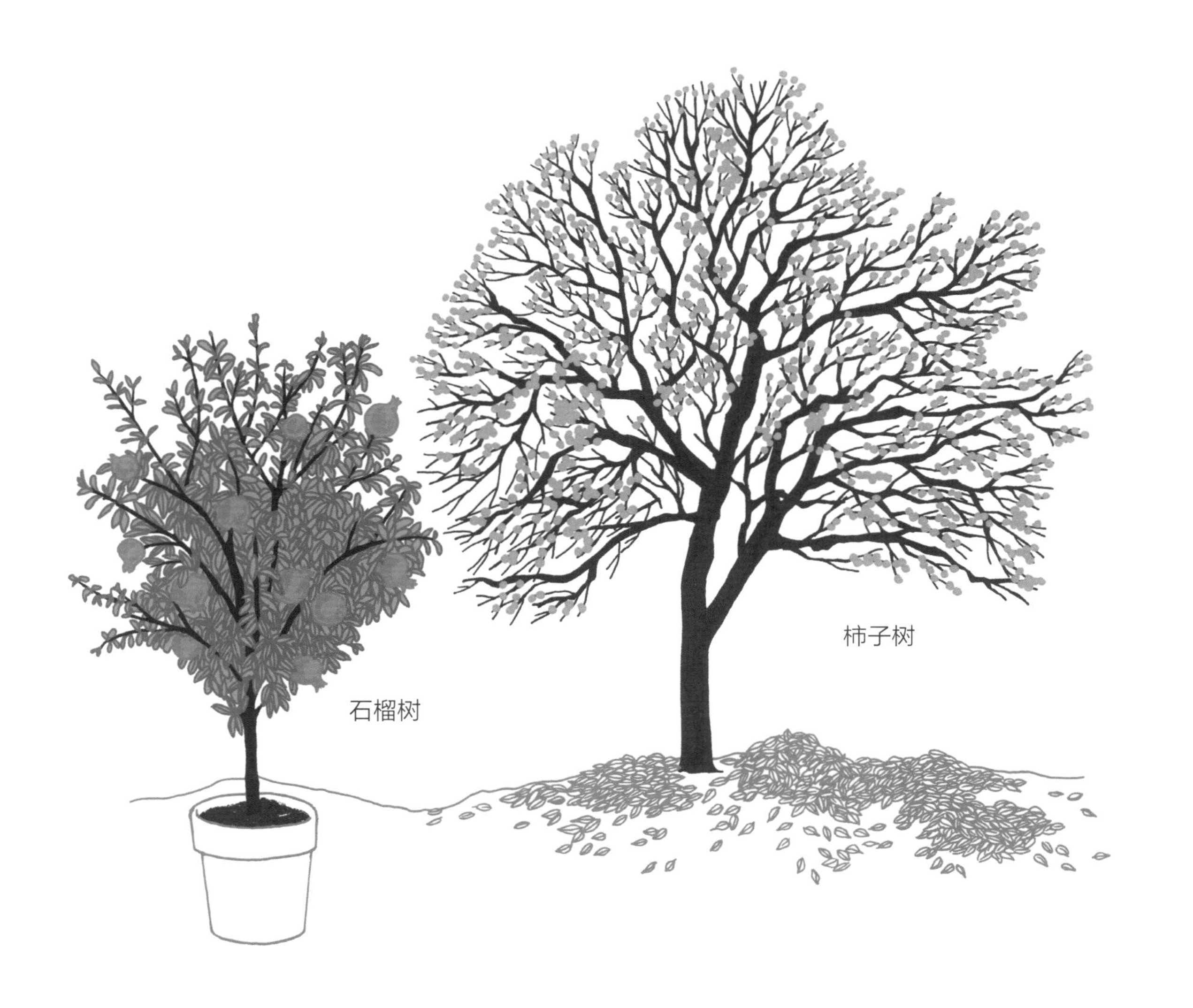

长在石榴树和柿子树上

秋天，人们在石榴皮开裂、小果粒散落之前收获石榴。
柿子树在叶子掉光后，留下果实挂满枝头，就像挂满礼球的圣诞树——多么有趣的“冷杉”！
（冷杉也叫“枞（cōng）树”，是圣诞树的首选树种！）

橄榄

噗！橄榄刚摘下来时太苦啦。

为了去除这种味道，人们把它浸泡在盐水里，然后再食用，这样可以保存很长时间！

它还可以做成橄榄油和肥皂。

长在橄榄树上

橄榄适合生长在气候炎热的国家和地区。橄榄长在那些青嫩的树枝上。
起初它们是绿色的，随着越来越成熟，它们的颜色变得越来越暗。
橄榄成熟后，人们爬上梯子打落它们，让它们掉落在张开的大网里。

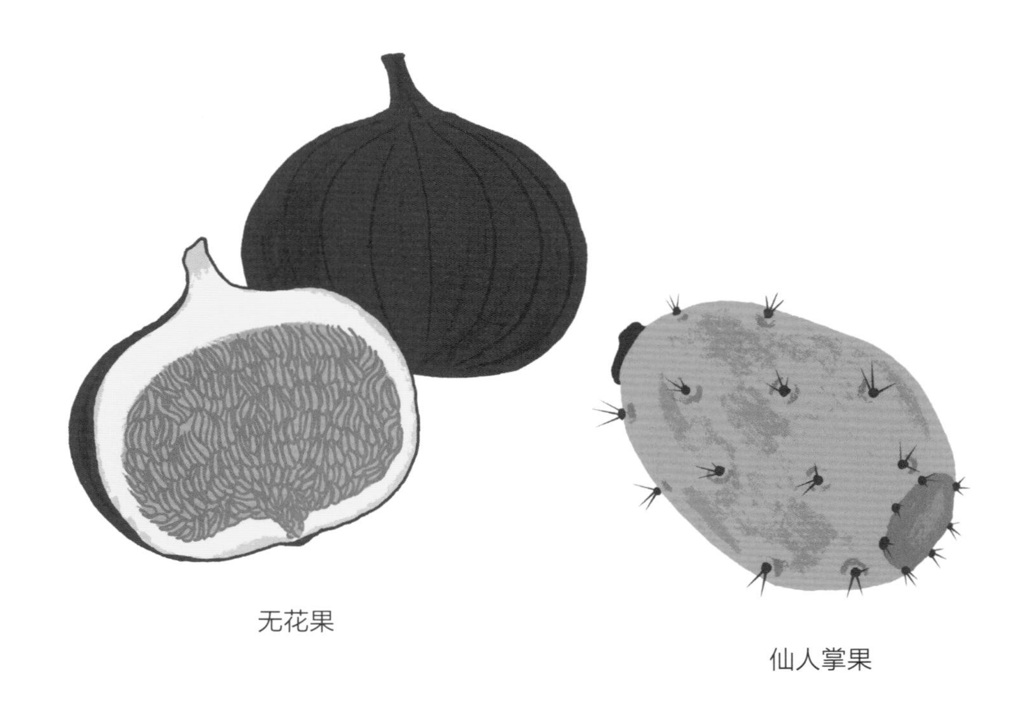

无花果和仙人掌果

无花果很脆弱！一层纤细的紫皮或绿皮包裹着它柔软的红色果肉。仙人掌果的保护层就坚固多了，它那层厚皮上长满了细小的尖刺。吃仙人掌果时可要当心哟，皮上的那些刺小到几乎看不见！

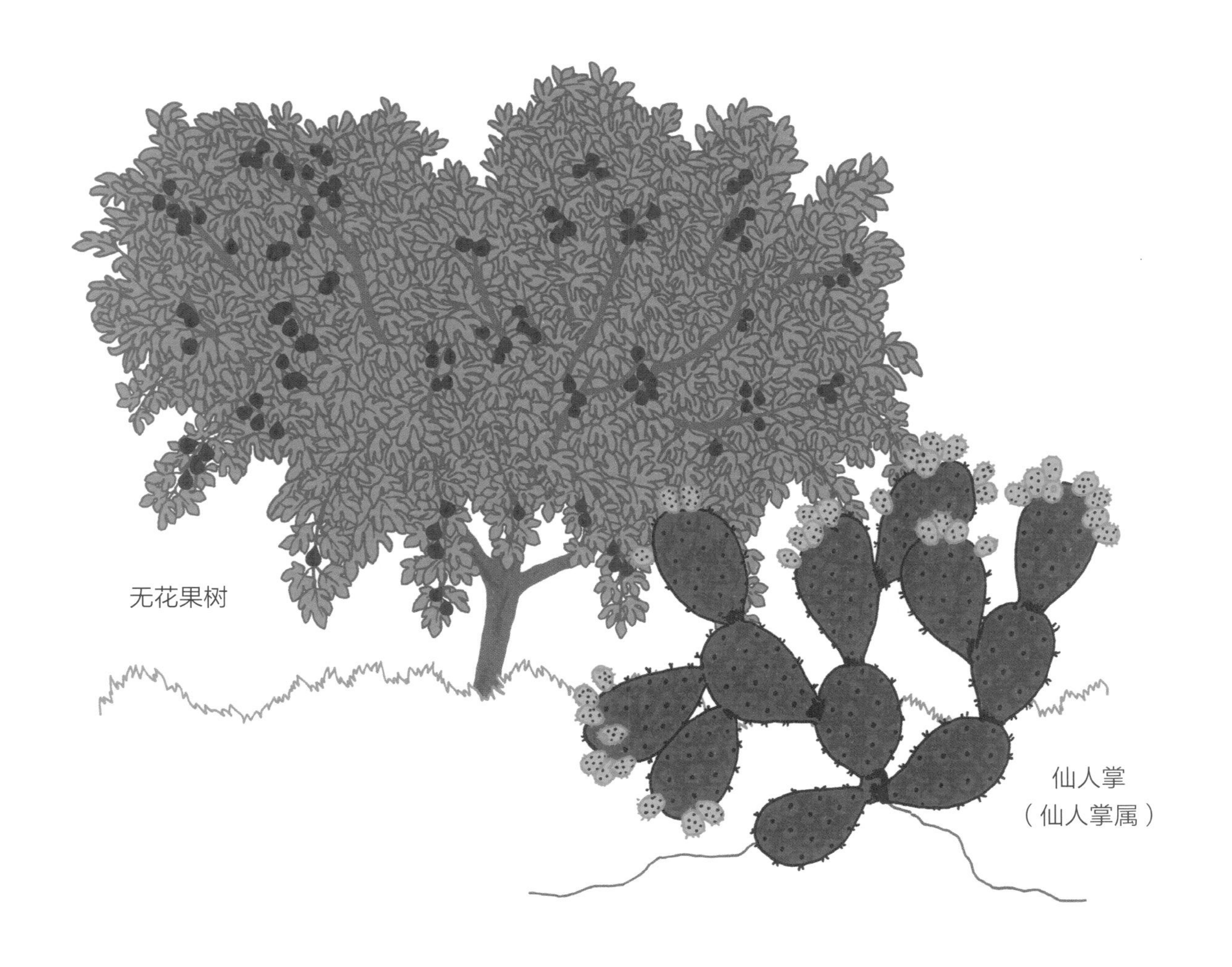

长在无花果树和仙人掌上

无花果树宽大的叶子上有五个叶瓣儿，容易辨认，
人们在夏末收获它的果实。仙人掌果长在仙人掌上。
墨西哥人食用它的果实，还把绿色的仙人掌叶片做汤吃或者烘烤着吃。

牛油果

这种水果不能用作餐后甜点！

牛油果颗粒状的粗糙表皮下面藏着绿色的果肉。

在果肉中心，有一颗包含种子的大果核。牛油果长在牛油果树上，采摘后需要放熟才能吃。

长在牛油果树上

牛油果树是一种高约 20 米的大树，原产于墨西哥的热带地区。
但你也可以在自家栽种小牛油果树：把果核种在装满腐殖土的花盆里，
或者将其悬空放在一个盛满水的杯子中（如上图）。要有耐心哟，牛油果树 10 年才能结果。

菠萝

这种长满鳞片的水果戴着一顶绿叶帽子。
亚马孙雨林的印第安人把它叫作“Nanas”，意思是“香”。
当有人把菠萝从美洲带到欧洲王室后，它开始大受欢迎。

长在菠萝植株的叶丛中

菠萝长在一簇茂密如剑状的长叶顶端，
它喜欢炎热的气候，不能忍受低于 10 摄氏度的气温。
菠萝不是靠蜜蜂采蜜来传授花粉，而是靠很小的蜂鸟。

香蕉

人们用船把香蕉从热带地区运往各地。

它是全世界被食用最多的水果。我们当作餐后水果吃的香蕉是最常见的品种。

但是还有其它品种比如大蕉，在非洲，人们常用它伴着肉菜吃。

长在香蕉“树”上

香蕉“树”不是一种树，而是一种世上最高大的草本植物。
它一生只结一次果。这些果实组成一个“香蕉王国”，包含 200 根香蕉，重达 30 公斤。
青涩的香蕉采摘下来后，慢慢变黄成熟。

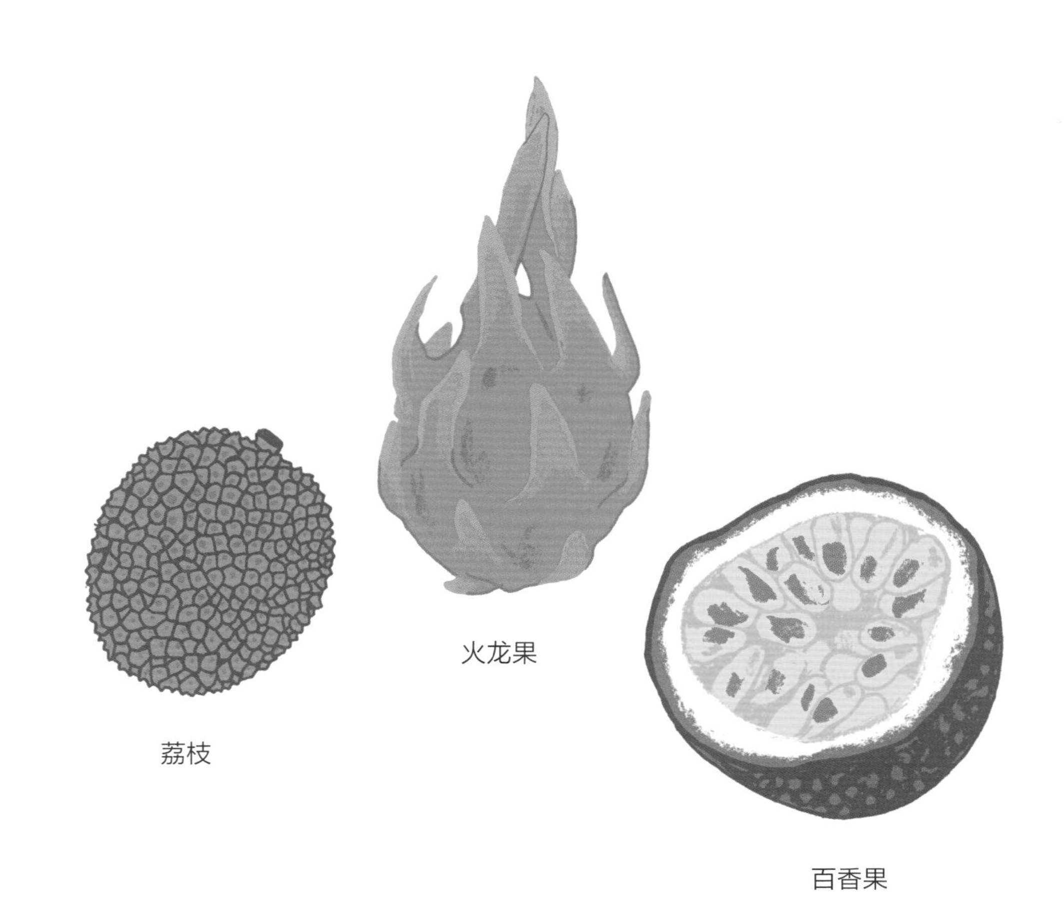

荔枝、百香果和火龙果

这些稀奇古怪的水果你都认识吗?

它们来自世界各地。荔枝来自中国，玫瑰色的硬皮包裹着莹白鲜美的果肉。

百香果原产自巴西。被鳞片状果皮包裹着的火龙果原产自墨西哥。

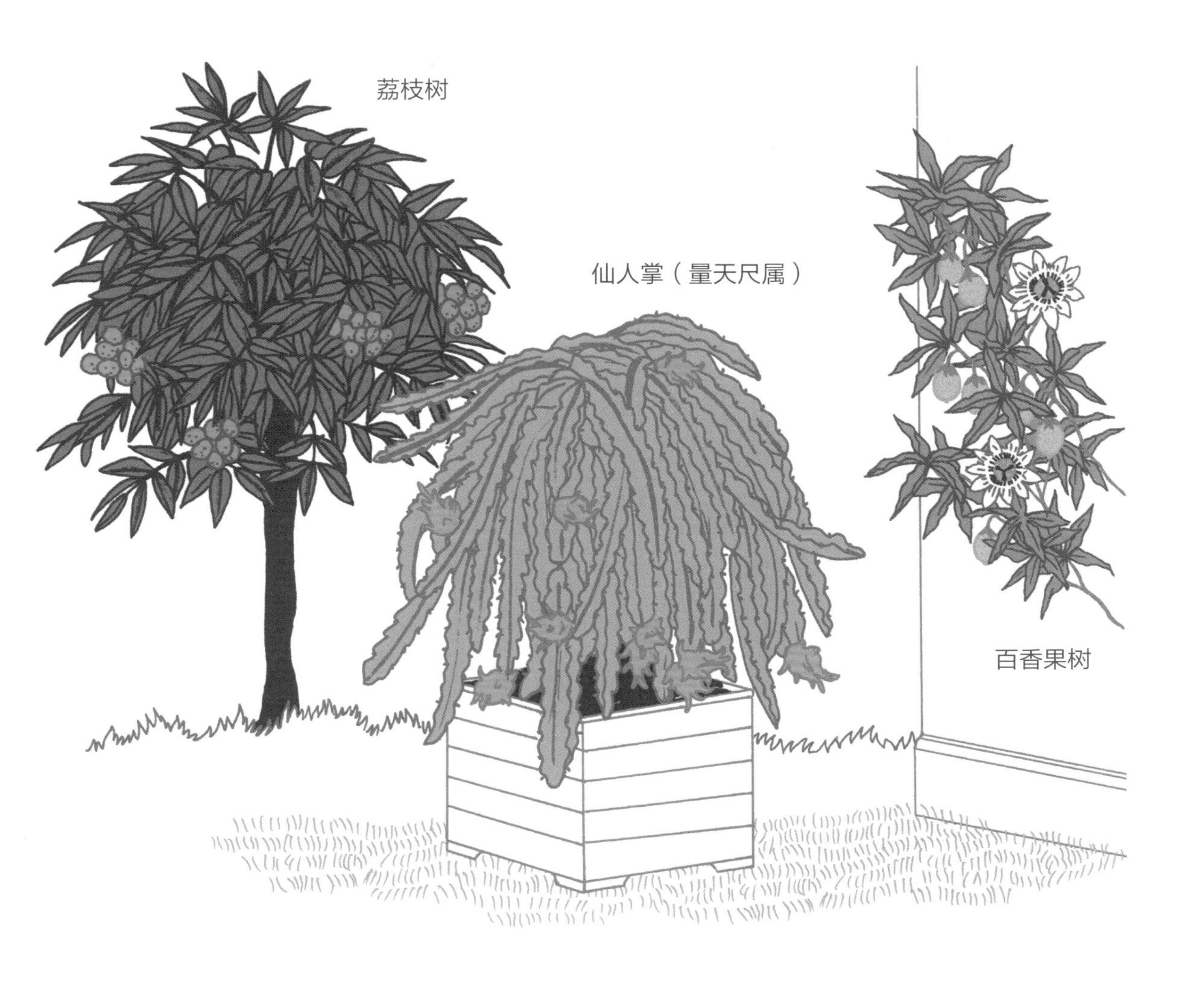

分别长在荔枝树、百香果树和一种仙人掌上

荔枝树是一种高大长寿的树。
百香果树是一种爬藤植物，它美丽的花朵会结出百香果。
火龙果从一种仙人掌的长茎上垂挂下来，就像花朵一样。

椰枣

晾干的椰枣有点黏，很甜，果肉中包着一粒长果核，
很多人都非常享受它的味道。椰枣原产自北非，当地人也吃鲜椰枣。
这种树需要长 7 年才能结果。

长在棕榈科的枣椰树上

枣椰树生长在大漠的水源周边。

在棕榈科的枣椰树顶端，长着 1000 多颗椰枣，成簇聚集。

为了收获它们，种植者要爬上很高的树，用斧头砍断它们的枝条。

椰子

椰子是产于热带岛屿上的一种水果，它在成熟一年后才从树上掉落。当心你的脑袋哟！
它的壳像木块儿那样硬，需要坚硬的工具才能打开并享用里面的果肉。
它的壳掏空后可以当碗用，它的纤维可以用来编织地毯。

长在椰子树上

在成熟之前，椰子含有甘甜的椰汁。
为了收获它，人们要手脚并用，攀上 20 米高的椰子树，
然后坐在树枝上，使劲儿地用脚踹椰子，让它们掉落到地上。

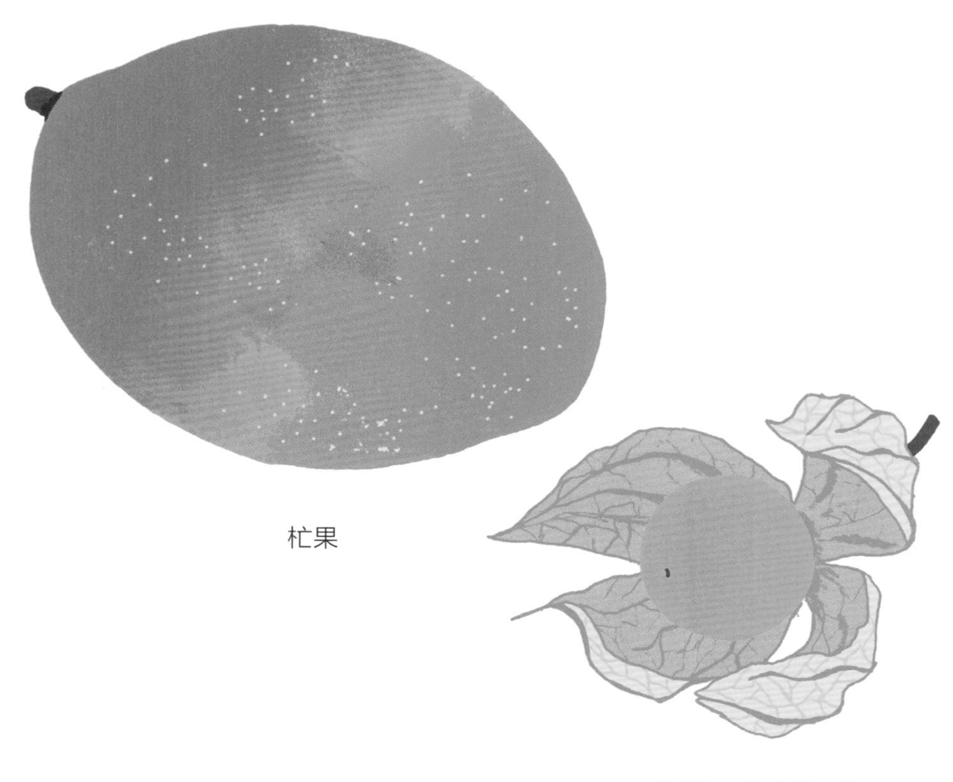

杧果

灯笼果（酸浆属）

杧果和灯笼果

人们常把杧果切成小果丁，它的果肉很甜，放到嘴里就化掉，果子里还藏着一颗扁平的果核。
在法语中，灯笼果也被称作“笼中之爱”（amour-en-cage），
从它小灯笼状的果实里透出橘红色的光。它是土豆和西红柿的表亲。

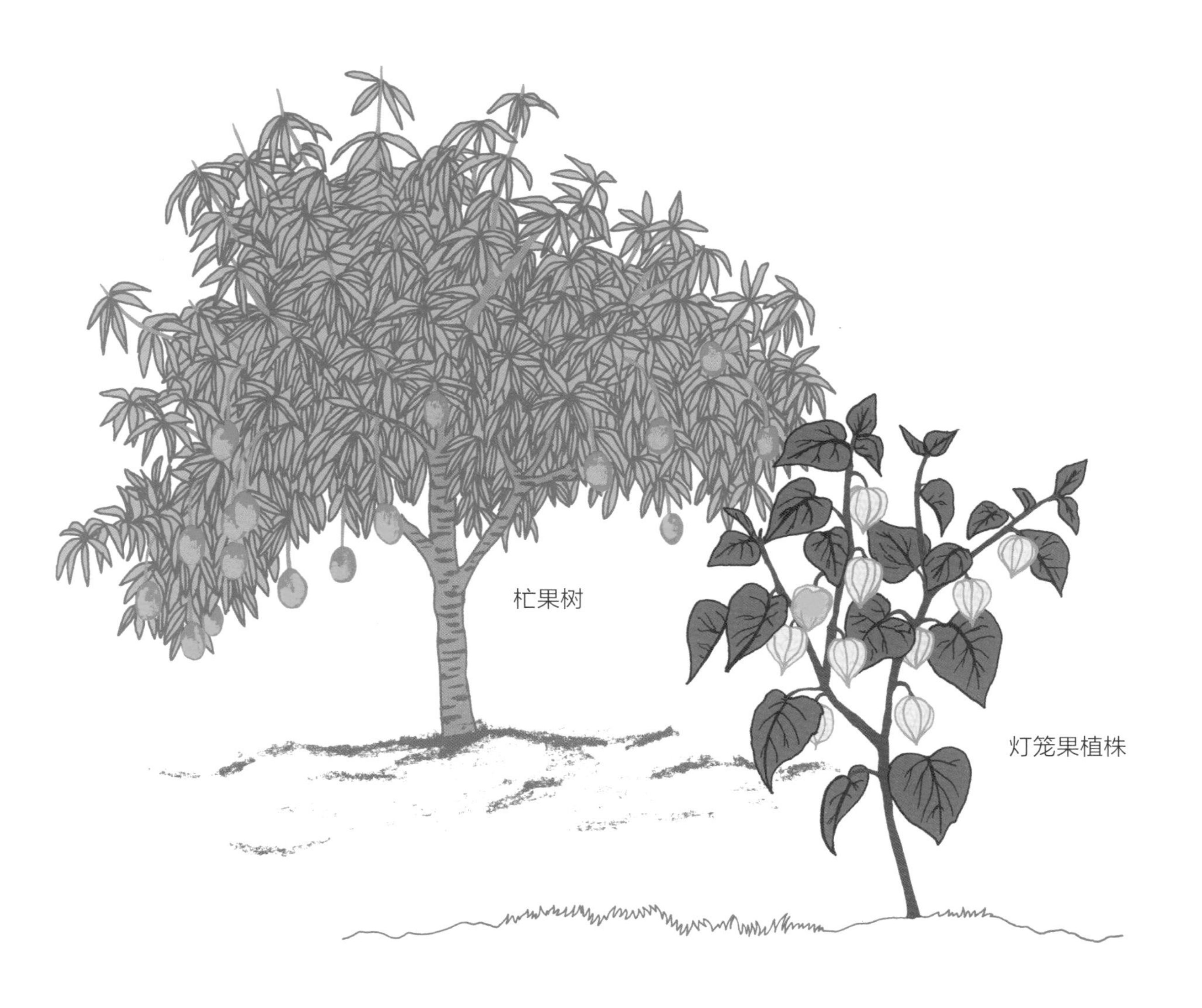

长在杧果树和灯笼果植株上

这些带有异域风情的水果如今已在大部分热带地区种植。
旅行者们把杧果从印度带到非洲，然后横渡大洋带到巴西。
灯笼果则是人们横跨大西洋，把它从秘鲁带到了印度。

西红柿

西红柿过去被称为“爱情果”，如今它已经成为真正的大明星！

16 世纪它被人从墨西哥带到西班牙，

当时的学者一直认为它有毒，只用它来制药。

长在西红柿植株上

它最初长出的果实是绿色的，在阳光照耀下逐渐变黄，变红，成熟。
虽然现在到处都在种植西红柿，
但这种夏季植物还是喜热怕雨，更适合温室种植。

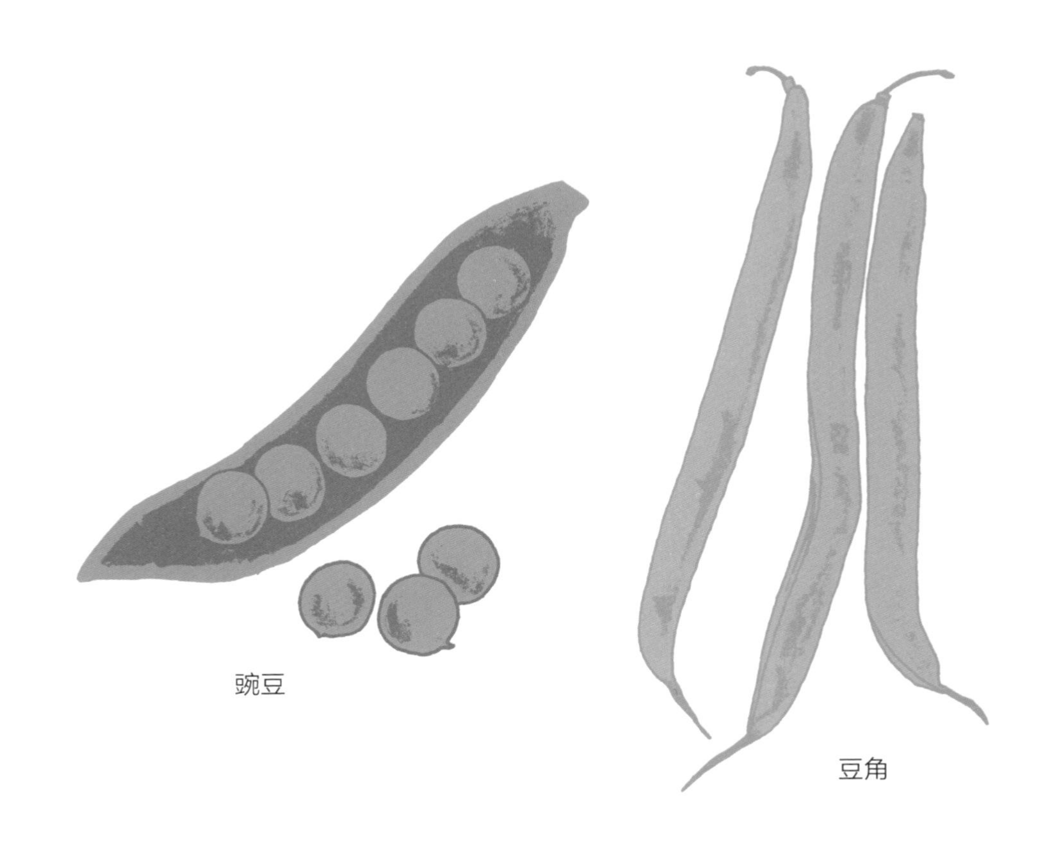

豌豆和豆角

一种圆如弹珠，一种细长如鞭，这些同科的豆科表亲的确是貌不相同。

其实，每粒小豌豆都是一颗脱荚而出的种子。

而当你大嚼豆角时，其实是连荚带籽一起吃的。

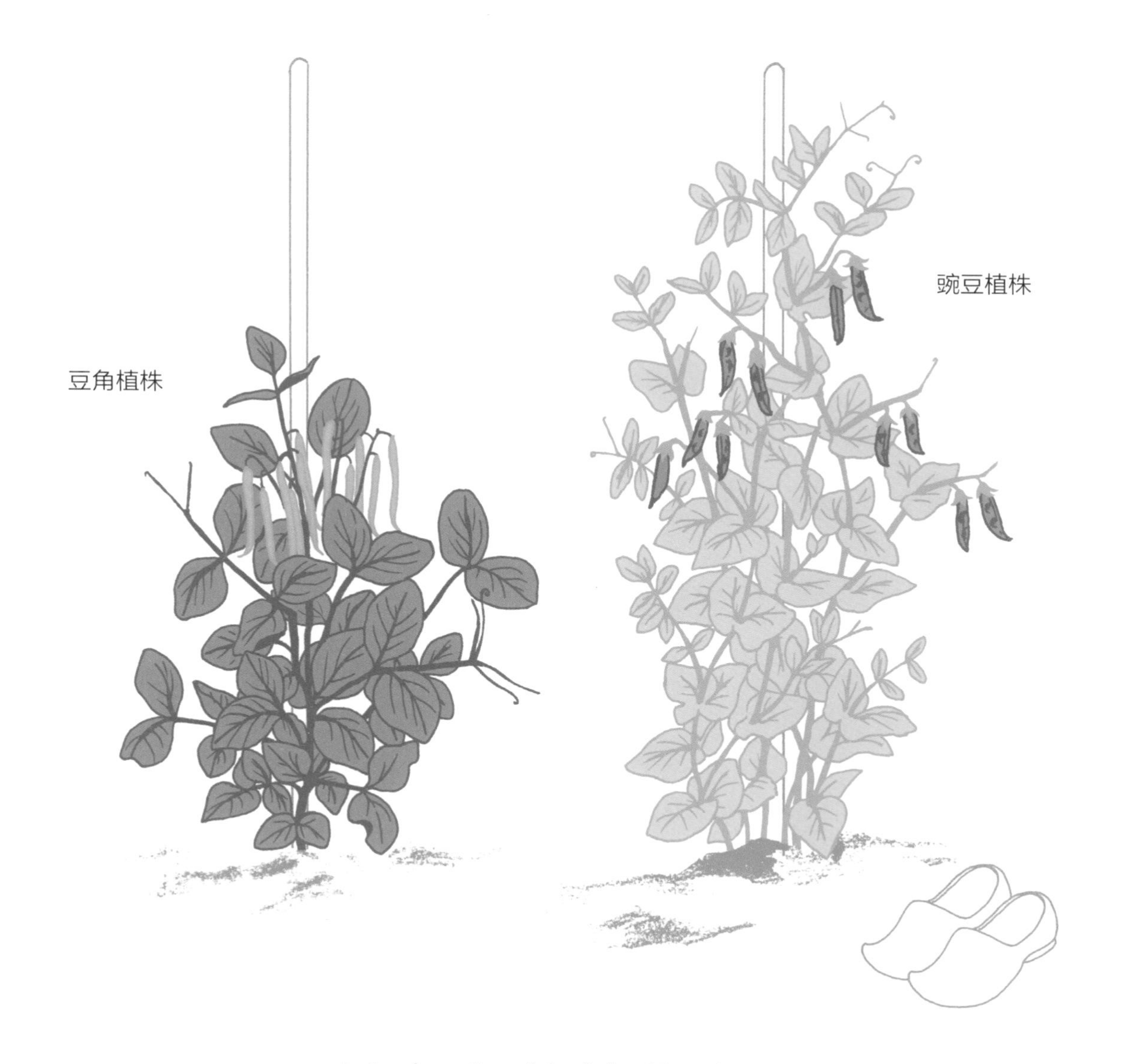

长在爬藤植物上

豆荚长在高处，挂在枝条末梢，藤蔓攀附在支架上。
在中世纪的欧洲，人们食用大量的干豌豆。
在当时，人们并不知道还有另一种源自美洲的豆角。

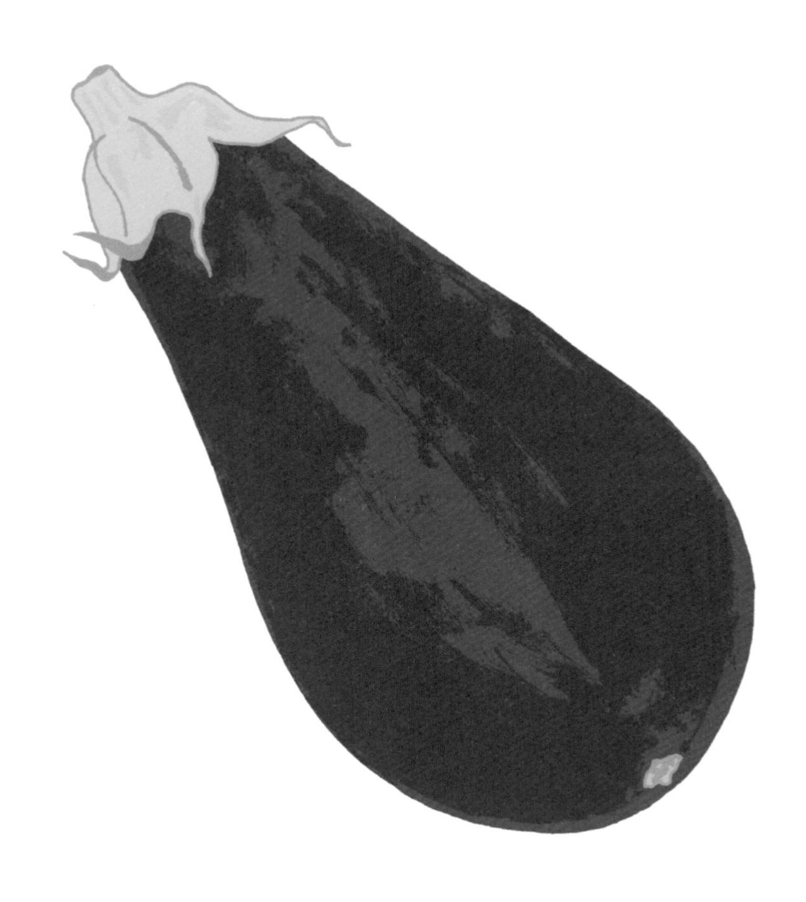

茄子

人们最为熟悉的是紫茄子，可你知道吗？茄子有 250 种之多呢：

从颜色上，除了紫茄子，还有白茄子、绿茄子、黑茄子；从形状上，有细长的、短粗的、圆的……

都说茄子是蔬菜，是因为人们把它做成了多种菜肴，例如普罗旺斯杂菜烩、姆萨卡、鱼香茄子等。

长在茄子植株上

其实茄子也是水果，茄子的植株和西红柿的植株很相似。
长出茄子的幼苗也叫茄子秧，
它原产于印度，喜欢高温，气温低于 15 摄氏度便停止生长。

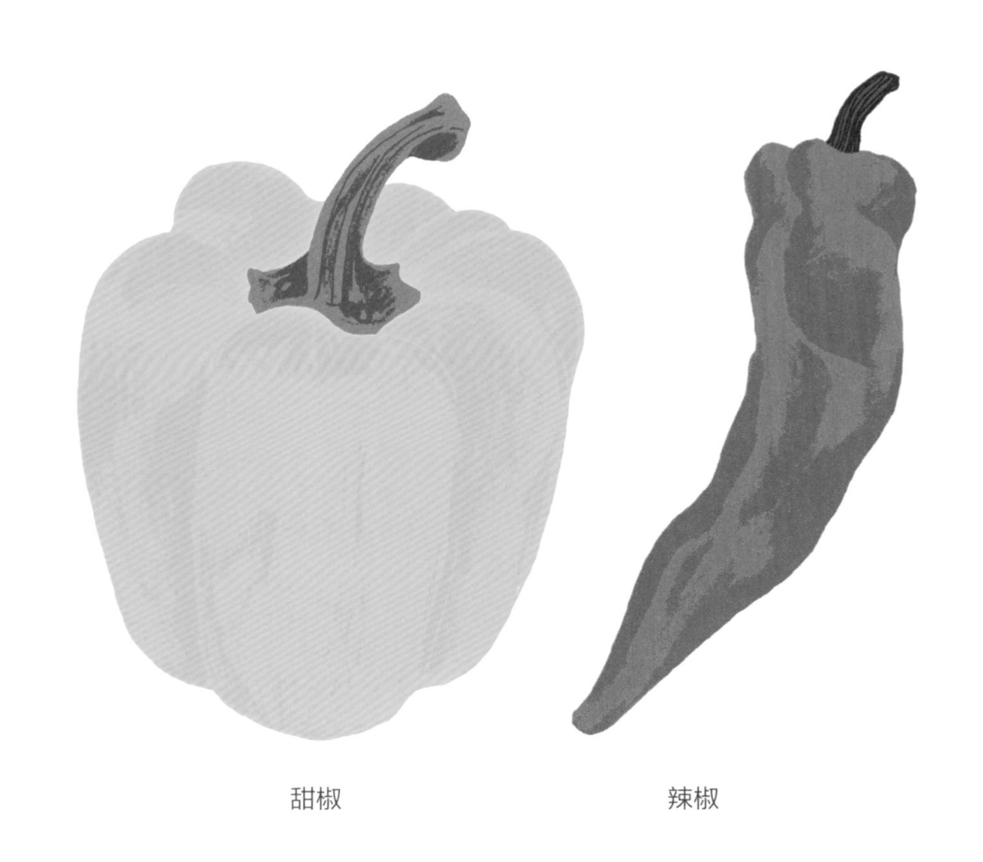

甜椒　　　　辣椒

甜椒和辣椒

甜椒味道柔和，辣椒辛辣，它们是同一种植物的不同种类！人们把辣椒的辣度分为 10 度。
甜椒的辣度很低，低至 0 度。而被人称为“小米辣”的辣椒的辣度则高达 10 度。
咬一口，嘶！哈！火烧火燎，辣死人啦！

长在一种草本植株上

这种植物最初生长在中美洲，
它与西红柿和茄子同族同种，也喜欢阳光。
人们在甜椒青涩未熟时采摘，甜椒成熟后会因为品种不同，而变成红色或黄色。

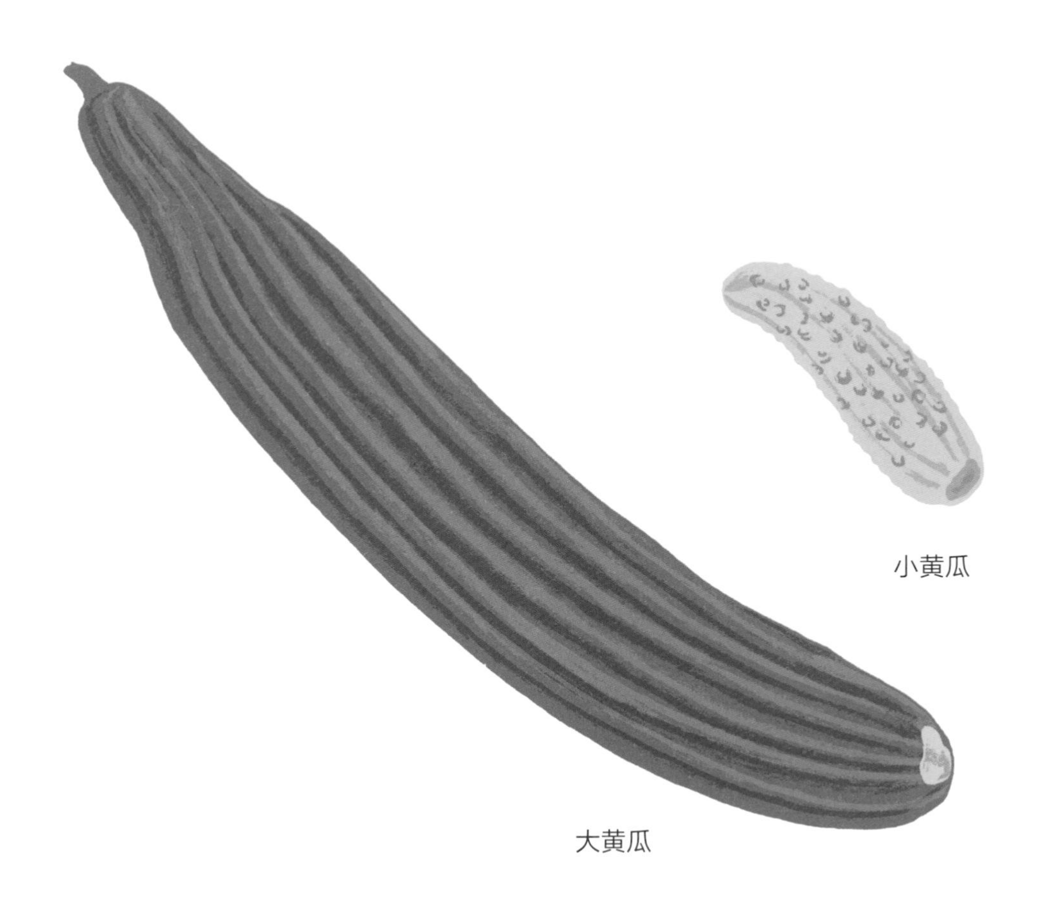

小黄瓜与大黄瓜

小不点儿的小黄瓜和粗长的大黄瓜是葫芦科家族的俩兄弟！
大黄瓜很能解渴，它的水分很足，整个夏天都可以生吃。
收获小黄瓜是为了把它放在广口瓶里，用醋腌着吃。

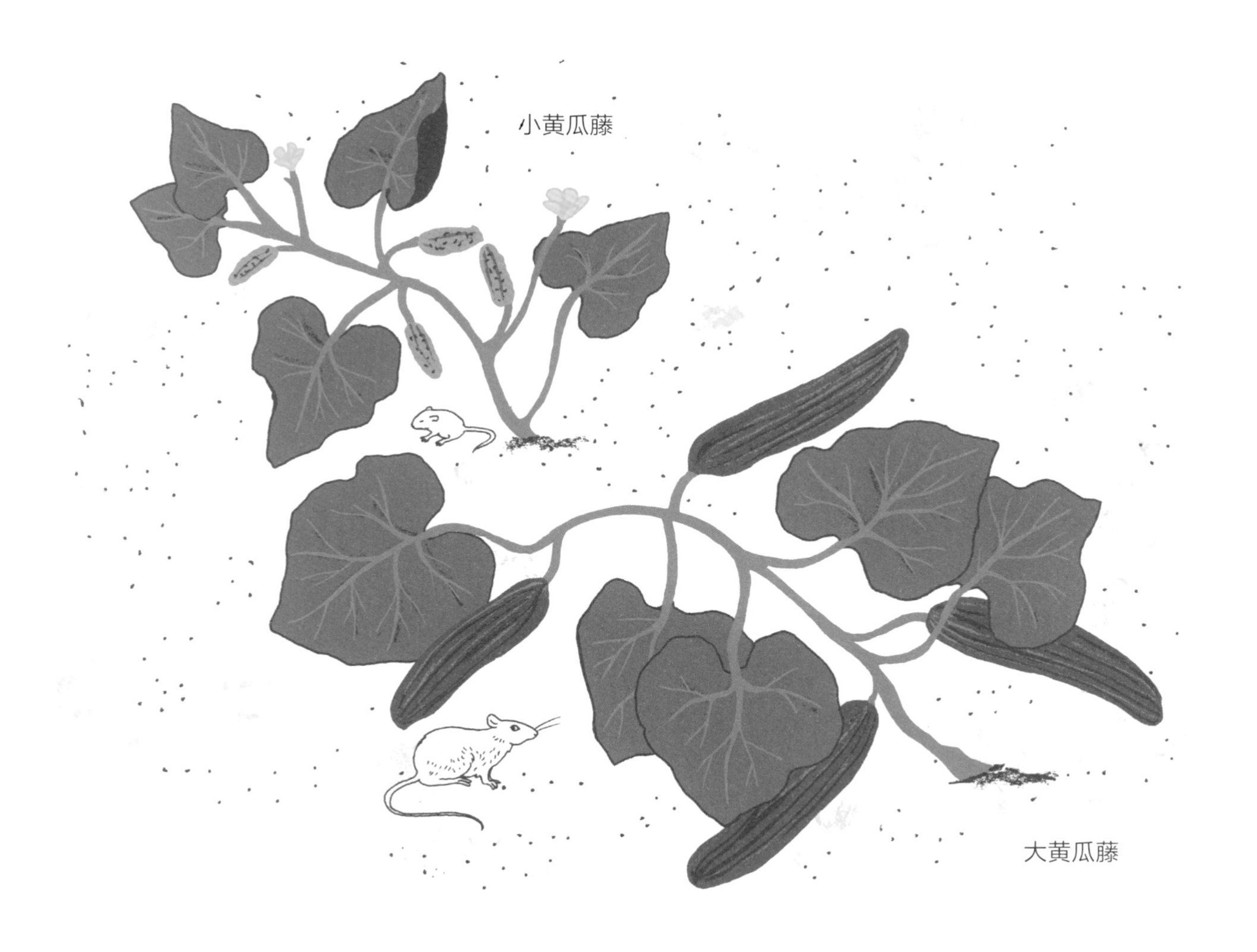

长在一种蔓生植物上

这哥俩儿都生长在长茎的蔓生植物上。
黄花谢后长出果实。趁它们又小又黄摘下来的是小黄瓜，
几星期之后等它们长大了，摘下来的是大黄瓜。

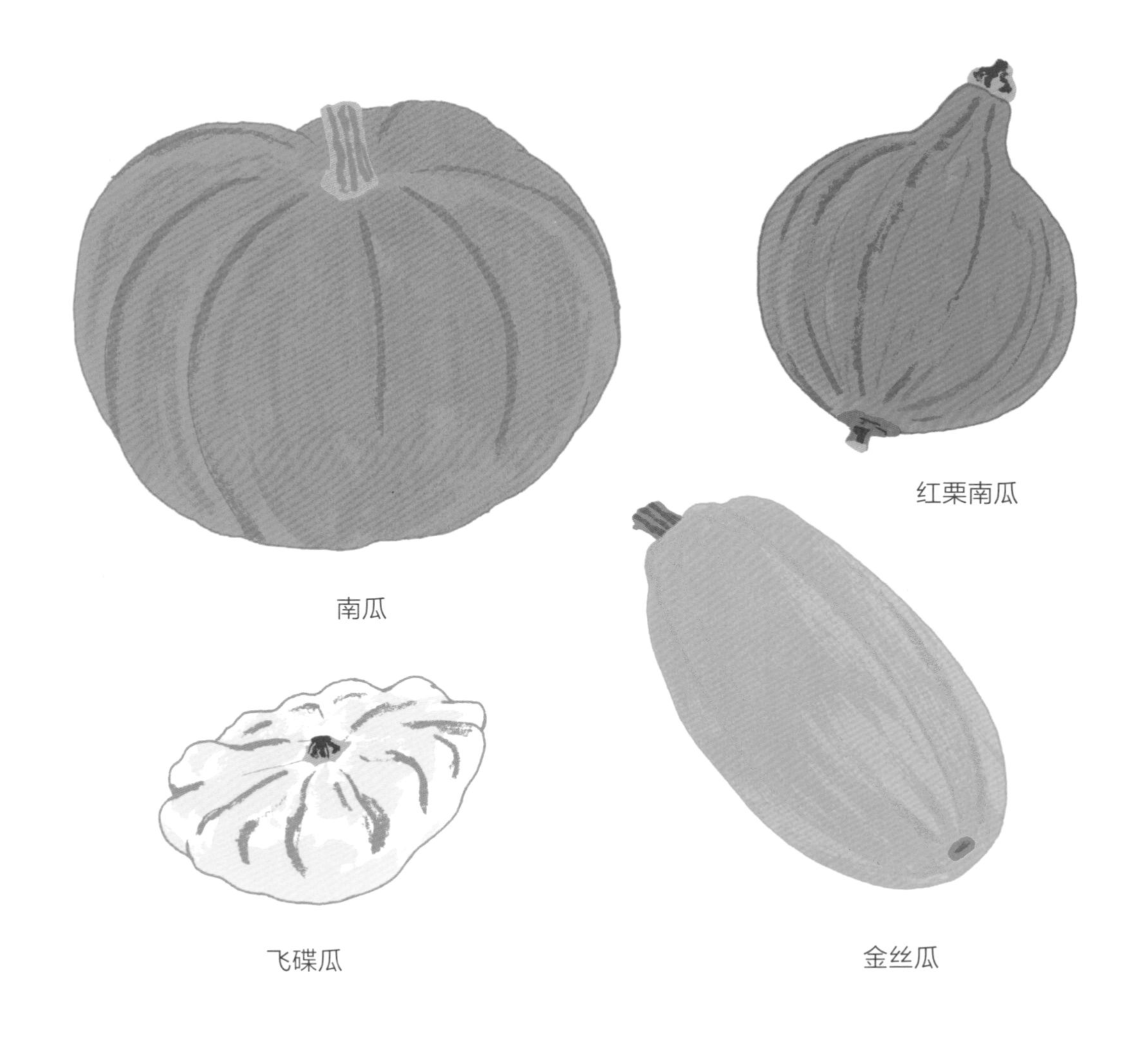

各种各样的南瓜

为迎接万圣节，你有没有做过杰克南瓜灯？
除了常见的这种南瓜外，还有小个头的红栗南瓜、椭圆的金丝瓜、白色的飞碟瓜等等。
所有这些南瓜都是葫芦科的家族成员。

长在蔓生植物上

这些南瓜都是夏天成熟，秋天收获，然后被保存在干燥的地方过冬。
别看它们皮厚，其实个个都怕碰撞，碰伤会让它们很快腐烂。
它们大而扁的种子就藏在果实里面。

西葫芦

你肯定知道那种长而绿的西葫芦，但其实也有其他形态的，比如黄色西葫芦、圆西葫芦。
这种瓜秧会开出橘黄色的大花朵，只有雌花才能结出果实。
西葫芦花可以做成带馅儿的炸糕或油煎饼。

长在西葫芦秧的根部

西葫芦瓜必须在成熟之前采摘，否则就长成了硕大、坚硬、装满种子的葫芦。

人们把这样的西葫芦称为“夏葫芦”。

西葫芦秧与其他葫芦科的秧有一处不同：它不会满地乱爬。

胡萝卜

你知道中世纪的胡萝卜只是一截白色、细长且歪歪扭扭的根吗？
逐渐地，人们经过筛选良种，
成功将其改良成为今天大家熟悉的这种橘红色的甘甜蔬菜。

长在地下

这种植物还来不及开花结籽，就被种植者抢先收获了它的根部。

春天收获的胡萝卜吃起来最嫩了，

而秋天收获的胡萝卜最适合储存过冬。

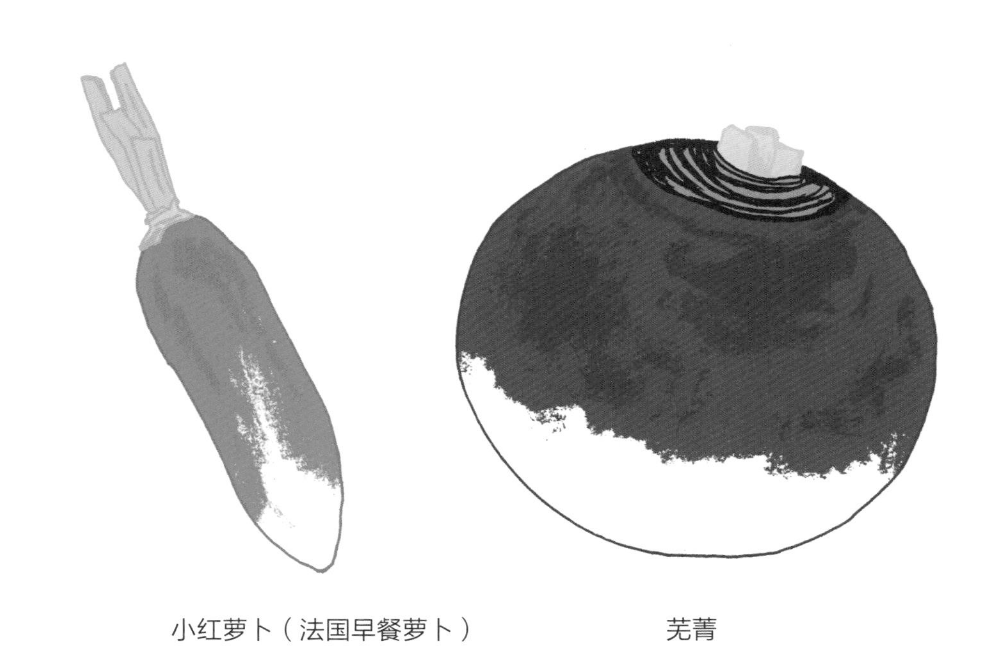

小红萝卜（法国早餐萝卜）　　　　芜菁

小红萝卜和芜菁

它们都属于芸苔一族，但是人们只吃它们的根部，不吃它们的叶子。
古罗马时期人们已经在种植芜菁，后来一位航海家把芜菁种子带到加拿大，
经过印第安人的种植改良，这种蔬菜在那里大受欢迎。

长在地里

小红萝卜是速长冠军！刚把种子种到地里，它就生根发芽。
小红萝卜越长越大，3 个星期后就可以挖出来吃啦。
不过，芜菁要等到 8 周后才停止生长。

韭葱

韭葱是大蒜和洋葱家族的成员之一。
人们种植韭葱是看上了它的长而扁的叶子，一般把它炒熟了吃。
古罗马的尼禄皇帝每天早晚都喝韭葱汁，来改善嗓音。

长在地下和地上

这是一种喜寒怕热的冬季植物。它的套入式叶片构成一根假茎。
这种作物在地里的那部分始终是白色的，
但是长在地上的叶子在阳光的作用下变成绿色。

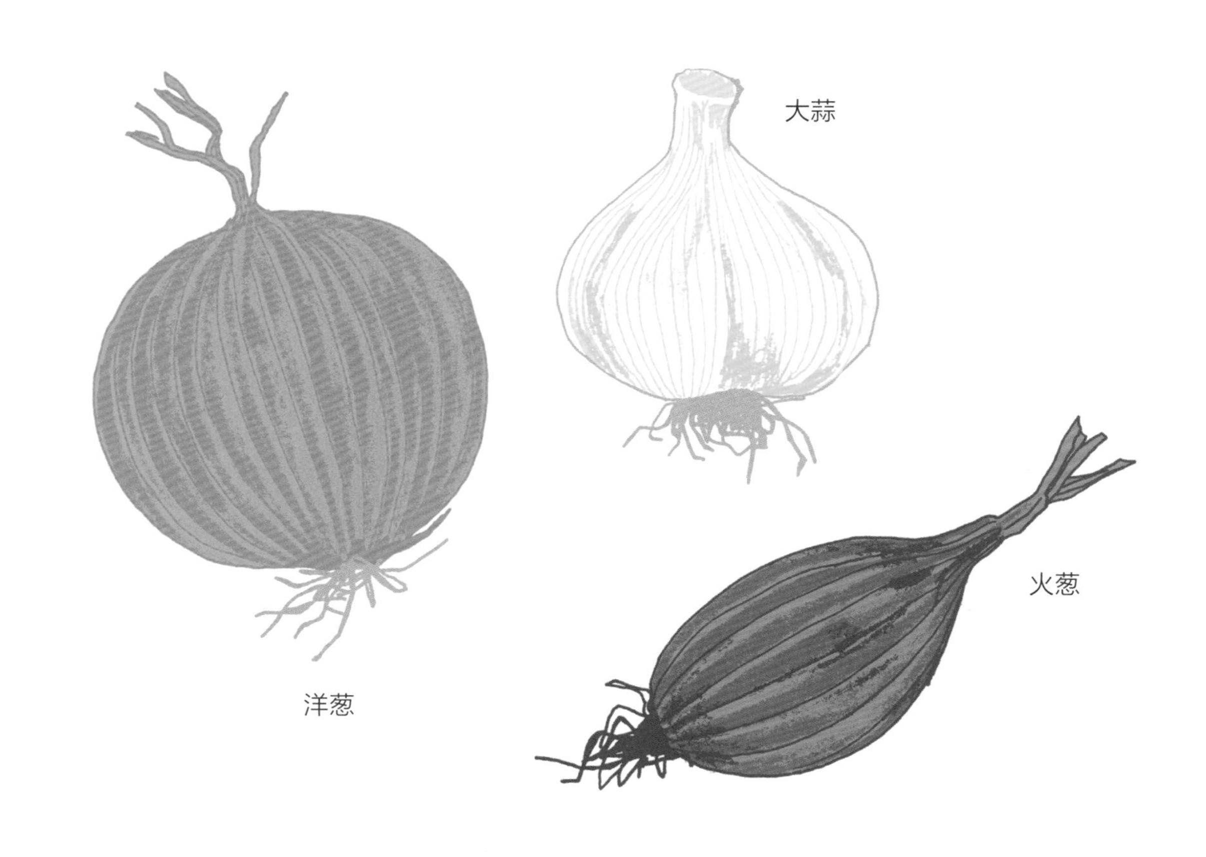

洋葱、火葱和大蒜

人们一年四季都吃洋葱、火葱和大蒜。
把它们的上端切开时，从切痕你能看到密匝匝的叶片裹在一起。
春天时，人们把新收获的大蒜连球带叶编成一根根粗大的辫子，拿到市场上去卖。

长在地下

这些作物的鳞茎能挺过严冬存活下来。

如果不收获它们的话，它们就生根发芽，长出长长的茎，继而开花。

洋葱是人类培育的最早的蔬菜，古埃及的法老用它来祭神。

甜菜与芹菜

人们食用甜菜红色的根部，
用糖甜菜榨糖，用饲料甜菜喂养牲口。
芹菜也演变出两种：西芹和根芹。

长在地下

人们把甜菜与根芹的根部储藏起来过冬。
原产于欧洲的甜菜是由野生的沿海甜菜培育而来。
而芹菜是由法国查理大帝推荐培植的。

马铃薯

美洲的印加人很喜爱马铃薯（土豆），但它初到欧洲时却声名狼藉——人们用它喂猪！
后来一位名叫巴尔芒蒂埃的药剂师成功地把它放进了国王的餐盘。
若不是他，你今天哪有薯条吃？

长在地下

把土豆埋进土里，它就生根发芽啦。
一根粗大的茎钻出土壤并长满叶子，与此同时，地下的根茎四下生长并结出新的土豆。
种植者会堆出一个个小土丘，以利于土豆更好地生长。

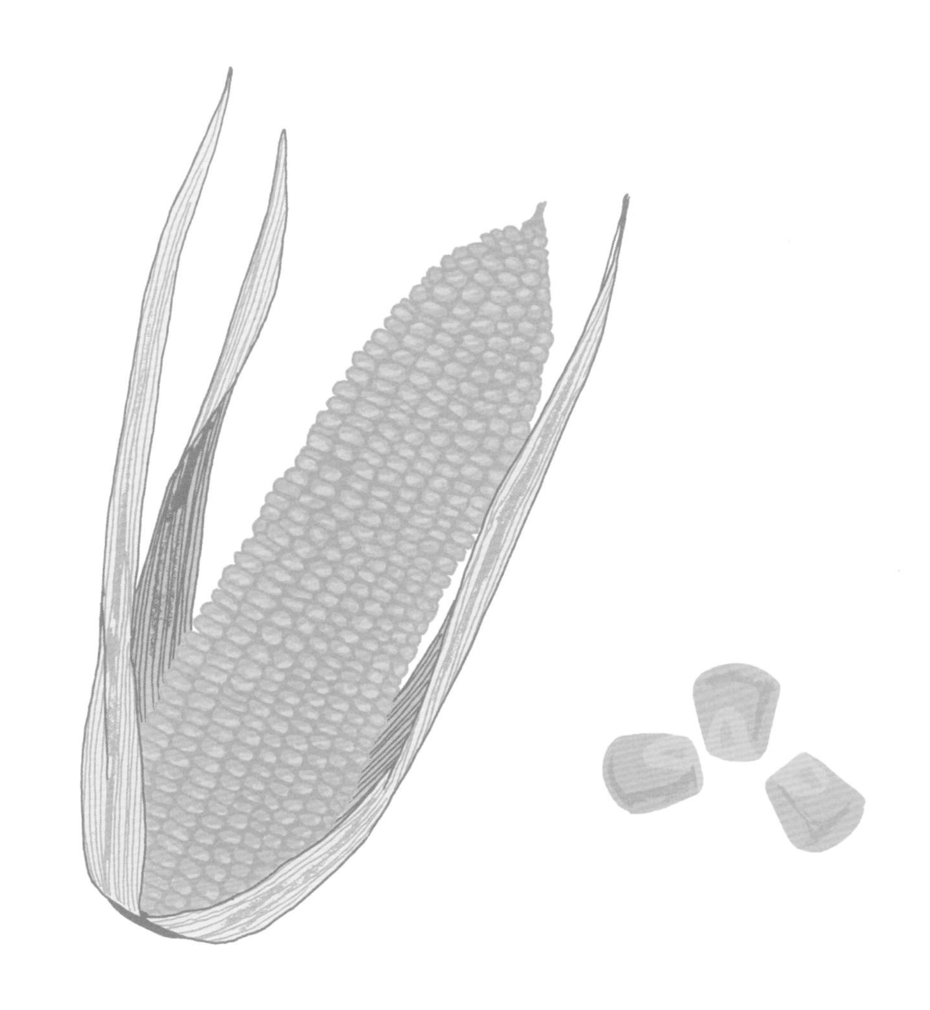

玉米

玉米粒儿甜甜的、软软的，玉米棒子啃起来其乐无穷。
玉米还可以磨成玉米面，做成玉米粥。它和小麦一样是粮食作物。
它源自墨西哥，那里的人用玉米面做成美味可口的玉米饼、肉饼。

长在一种秸秆植物上

玉米棒子长在玉米秆上，裹在大叶片里。

人们在 8 月收获玉米，可以将它们做成玉米罐头。

在工厂里，机器给玉米棒子剥皮、脱粒，一分钟就能灌装 300 瓶罐头！

甘蓝

绿绿的西蓝花、白白的花椰菜、圆圆的抱子甘蓝，它们多可爱呀！
大个的皱叶甘蓝叶子很多，它是煮着吃的。
紫甘蓝和绿甘蓝都可以生吃。

几乎全都长在地表

这些甘蓝种的蔬菜有同一个祖先，正是我们在法国布列塔尼海边悬崖上见到的那种野生植物。

除了抱子甘蓝是从一根长茎上长出来的叶芽之外，其他的甘蓝全都从土里长出。

一茬甘蓝就能把土壤的肥力耗尽，人们得等上 7 年才能再次种植它们。

洋蓟

在文艺复兴时期，有人从一种刺茎的菊科植物中培育出了洋蓟。
在它胸甲般的阔叶里，藏着一颗柔软的心。人们食用布列塔尼地区的大洋蓟的叶端和核心；
但在普罗旺斯地区生长的洋蓟，就可以整个放进嘴里咀嚼吃掉。

长在一种高大的植物上

事实上，人们收获的是这种植物的花蕾，
在洋蓟底部的茸毛形成小紫花之前，将其采摘。
此外，洋蓟还可用于装饰花园，它可以长到两米高！

各种凉拌生菜

生菜、紫叶生菜、罗马生菜、莴苣缬草、菊苣、苦苣……
生菜种类繁多，容易搞混。人们常常生吃它们，它们列入食谱的历史也很悠久。
在中世纪，法国查理大帝的菜单上就有生菜。

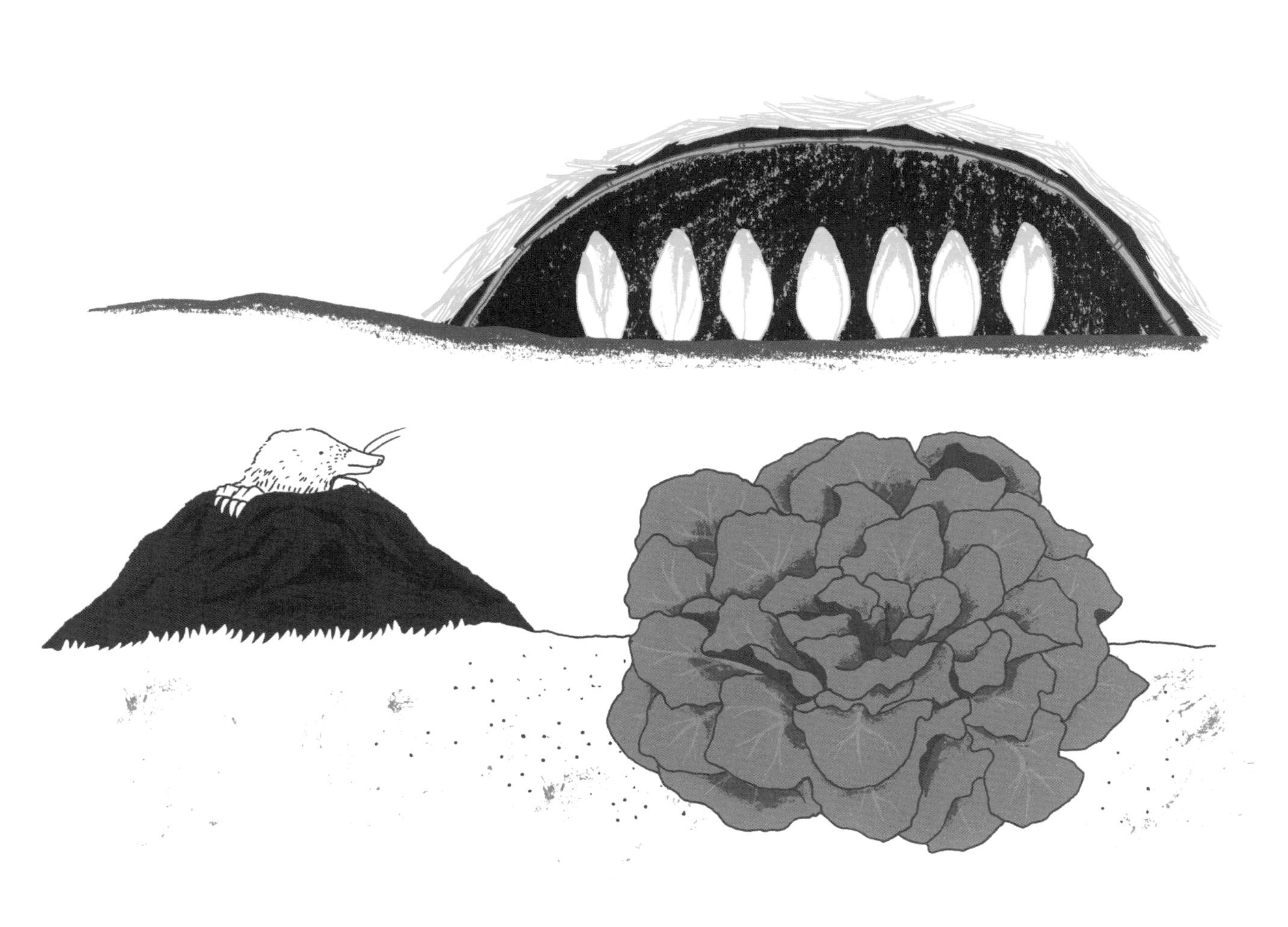

长在地表

除了根部以外，这些蔬菜的整株都可以食用。
人们赶在这些菜长出茎并开花结籽之前，将其收割。
菊苣一般种植在阴暗处，所以长成了白色。

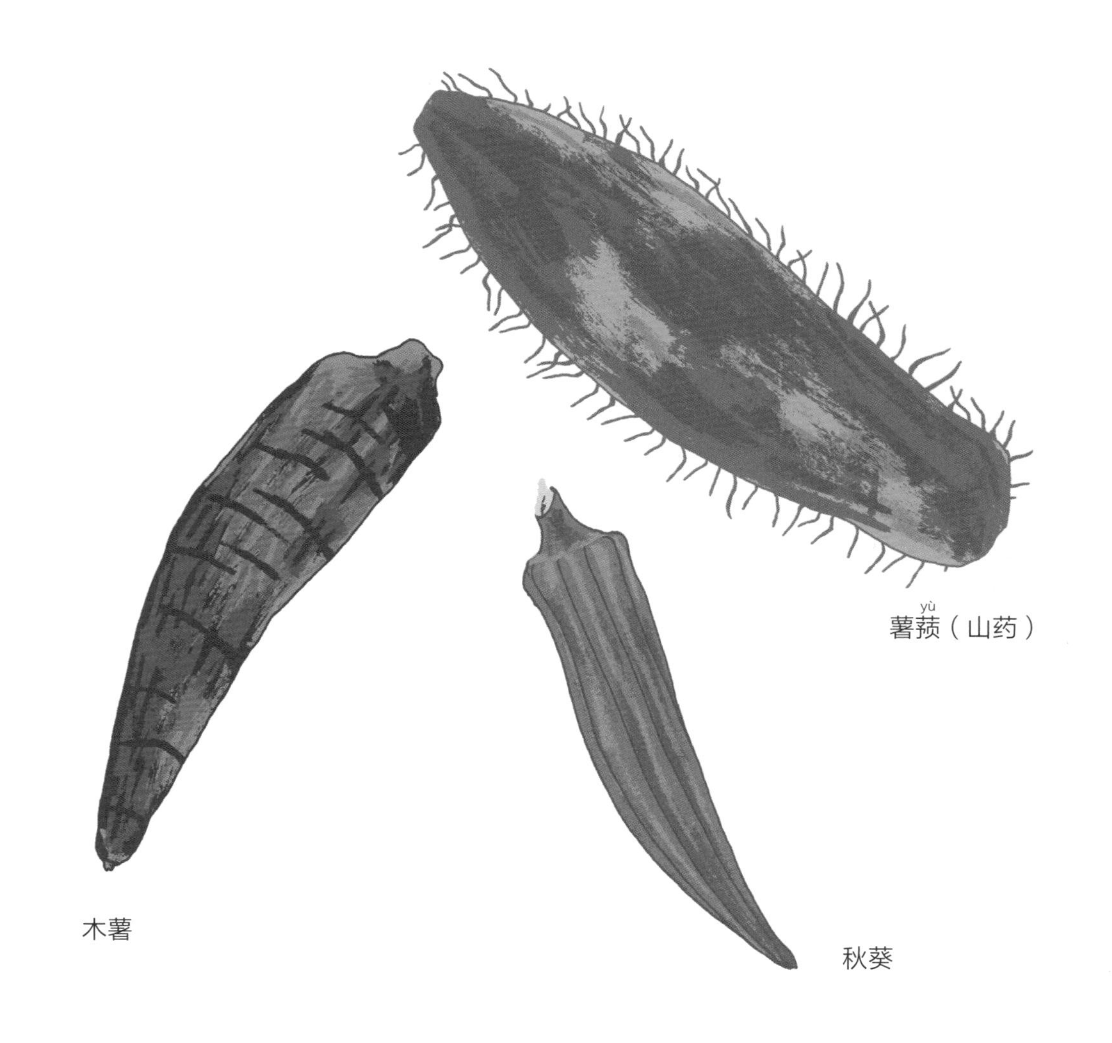

异域的蔬果

人们用木薯做一种粗粉，在巴西它被称为“farofa”，在非洲被称为“foufou”。
吃薯蓣（yam）的方式和土豆差不多，“Nyam”在非洲几种语言中都是“吃”的意思。
煮熟的秋葵变得软塌塌、黏糊糊的。

生长在热带国家

人们对这些蔬菜水果感到很陌生，但在热带国家它们却很重要。
秋葵是一种开花植物的果实，在北非，它们被编成很长的一串串存放。
木薯和薯蓣都是个头很大的根部块茎，煮熟后香喷喷的！

图书在版编目（CIP）数据

呀！蔬菜水果 /（法）弗朗索瓦兹·德·吉贝尔，（法）克莱蒙斯·波莱特著；冷贝凡译. — 石家庄：花山文艺出版社，2017.4（2023.1重印）

ISBN 978-7-5511-3341-8

Ⅰ. ①呀… Ⅱ. ①弗… ②克… ③冷… Ⅲ. ①蔬菜—儿童读物 ②水果—儿童读物 Ⅳ. ①S63-49 ②S66-49

中国版本图书馆CIP数据核字（2017）第088160号

河北省版权局登记 冀图登字：03-2017-026号

First published in France under the title:
Dis, comment ça pousse?
© 2016, De La Martinière Jeunesse, a division of La Martinière Groupe, Paris,
Current Chinese translation rights arranged through Divas International, Paris
巴黎迪法国际版权代理（www.divas-books.com）
Simplified Chinese translation edition is published by Ginkgo (Beijing) Book Co., Ltd.

本书中文简体版权归属于银杏树下（北京）图书有限责任公司

书　　名：**呀！蔬菜水果**
Ya Shucai Shuiguo

著　　者：[法] 弗朗索瓦兹·德·吉贝尔 [法] 克莱蒙斯·波莱特
译　　者：冷贝凡
编　　译：浪花朵朵

选题策划：北京浪花朵朵文化传播有限公司
出版统筹：吴兴元
责任编辑：李　爽
特约编辑：朱小亮　康晴晴
责任校对：李　伟
美术编辑：胡彤亮
营销推广：ONEBOOK
装帧制造：墨白空间
出版发行：花山文艺出版社（邮政编码：050061）
（河北省石家庄市友谊北大街 330 号）
印　　刷：天津雅图印刷有限公司
经　　销：新华书店
开　　本：889 毫米 × 1194 毫米　1/24
印　　张：4
字　　数：9 千字
版　　次：2017 年 7 月第 1 版
2023 年 1 月第 8 次印刷
书　　号：ISBN 978-7-5511-3341-8
定　　价：49.80 元
读者服务：reader@hinabook.com 188-1142-1266
投稿服务：onebook@hinabook.com 133-6631-2326
直销服务：buy@hinabook.com 133-6657-3072
官方微博：@ 浪花朵朵童书

后浪出版咨询(北京)有限责任公司
版权所有，侵权必究
投诉信箱：copyright@hinabook.com　fawu@hinabook.com
未经许可，不得以任何方式复制或者抄袭本书部分或全部内容
本书若有印、装质量问题，请与本公司联系调换，电话 010-64072833